Tsukuba Scientific City

筑波
研究学園都市論

MITSUI Yasuhisa
三井康壽

鹿島出版会

発刊に寄せて

　このたび、待望の『筑波研究学園都市論』が発刊の運びとなりましたこと、誠におめでとうございます。

　万葉集にも謡われる名峰筑波山を望み、豊かな自然を有する農業を基幹産業とするつくばの地に、1963(昭和38)年9月10日、科学技術の振興と高等教育の充実等を目的に、筑波研究学園都市の建設が閣議了解されました。

　それから50年が経過し、貴重な関係資料の散逸が心配される中、本書の発刊は、大変意義深く、喜ばしい限りでございます。

　著者の三井氏は、現在、「つくば大使」に委嘱させていただいておりますが、茨城県企画部長として茨城県の発展に尽力されるとともに、筑波研究学園都市の都市計画の策定や国際科学技術博覧会、そして第二常磐線(現在のつくばエクスプレス)の構想づくりに携わられ、筑波研究学園都市を語る上で欠くことのできない方であります。

　2013(平成25)年11月12日に開催いたしました「筑波研究学園都市建設50周年記念式典」におきましては、高エネルギー加速器研究機構の特別栄誉教授でノーベル物理学賞を受賞された小林 誠氏とともに、「筑波研究学園都市50周年の歩みとつくばへの期待」というテーマのもと、「つくばの50年 これまでとこれから」と題した基調講演をお願いいたしました。

　さて、つくばの歴史を振り返りますと、筑波研究学園都市は、1980年代には国等の研究教育機関43機関の移転が概ね完了し、科学技術中枢拠点都市として概成いたしました。このような中、1985(昭和60)年、47カ国、65の国際機関や企業の参加のもと、「人間・居住・環境と科学技術」をテーマとする国際科学技術博覧会「科学万博つくば '85」が開催され、全世界から2,000万人余の入場者があり、つくばの一大転換点となりました。

　また、筑波研究学園都市を構成する6町村は、1987(昭和62)年の市町村合併により「つくば市」が誕生、その後の合併により、2002(平成14)年に筑波研究学園都市とつくば市が同一の区域となりました。

　1988(昭和63)年には常磐自動車道が全線開通、2005(平成17)年には待望のつくばエクスプレスが開業するなど首都圏へのアクセスが向上し、つくば市は、

茨城県の拠点都市として発展しております。また、本年には、つくばと成田が首都圏中央連絡自動車道で結ばれることにより、世界とのつながりが更に広がることが期待されているところです。

　現在、筑波研究学園都市は、外国人を含む約20,000人の研究者と官民合わせ約300の最先端の研究施設が整備される世界有数の研究開発および教育拠点となっております。

　つくば市は、筑波研究学園都市としての集積効果を最大限に活用するため、ロボットや新素材、環境、宇宙開発、医学等多様な分野において産学官の連携強化に取り組んでおり、こうした活動により、つくばモビリティロボット実験特区、つくば国際戦略総合特区、環境モデル都市・つくばの認定等を受けることができました。国においても、我が国の成長戦略に資するつくばの可能性に、大きな期待が寄せられているところです。

　今後も、世界のイノベーションをリードするグローバル拠点都市として連携を深め、英知を結集することにより、日本の更なる発展とともに地球的課題の解決に貢献できるよう取り組みを進めてまいります。

　本年は、奇しくも「科学万博つくば'85」から30周年、「つくばエクスプレス」の開業から10周年を迎えます。本書の出版は、誠に時宜を得たものであります。都市計画やまちづくりの新たな教科書として、御一読いただきたい書となっております。

　末筆ながら、本書の上梓にあたりまして、三井氏の御尽力に敬意を表するとともに、氏のますますの御活躍を御祈念申し上げ、発刊に寄せる言葉といたします。

2015年4月

　　　　　　　　　　　　　　　　　　　　茨城県つくば市長　**市原　健一**

まえがき

　私が筑波研究学園都市への関わり合いを持ったのは、今からおよそ 50 年前の 1967（昭和 42）年である。当時は、人口と産業の都市集中が急激に進んでいる都市化の時代。対応するため 1919（大正 8）年に作られた都市計画法を全面的に改正する作業に力を入れていたころであり、私も若手の一人としてその作業に携わっていた。そして、そこへ筑波研究学園都市の都市計画決定の案件が持ち込まれてきたのである。当時、都市計画決定はすべて地方公共団体の内申に基づいて国が決定するという仕組みになっていたからである。

　筑波研究学園都市の都市計画は、特別のやり方をしたのが特徴であった。その特徴は、今までやったことのない一団地の官公庁施設の都市計画決定をすることを含めて、新住宅市街地開発事業、土地区画整理事業という三つの都市計画の組み合わせで都市計画決定をするとともに都市計画事業決定をして、事業用地の確保を法的にも担保しながら事業を実施していくものであった。

　この都市計画と都市計画事業決定にあたって、現地を見ておく必要から現地へ出かけていった。対象地は六つの町村に分かれていて、まことに不便な土地で、開発の波が押し寄せて来ていないこともあって、純粋に農村集落が点在している有様であった。したがって、これからここがどんな街になっていくかについても、なかなかその姿を思い浮かべることができないというのが実感だった。

　それから 10 年たった 1980（昭和 55）年に奇しくも茨城県庁へ転勤となり、筑波研究学園都市担当の仕事をすることになった。それまでに国や日本住宅公団、茨城県、地元町村等の先生方の努力によって、見た目には概ね出来上がりつつあった頃である。筑波研究学園都市は国主導で造られた街だが、理想と現実との間にはギャップがあった。人口計画を 20 万とされていたが、東京から移転した研究機関は単身赴任で家族は東京のまま、人口が増えなければ商業施設などの都市らしい施設も出来ていず、それがまた人口定着を妨げる。移転機関は国であるから国有地になると地元町村の固定資産税は入らなくなってしまう。移転して来た人達にとっては、東京と違って何もかも不便だと不満を持っている等々である。したがって、東京と同じようなホール等の文化施設、海外の人

を迎えるにふさわしいホテル、デパート等を備えた自立した都市にすることが大きな課題とされていた。これに迅速かつ大胆に取り組まなければならなかったのである。

ちょうどその頃、つくばの地で国際博覧会をという話が持ち上がり、これが国際科学博覧会が昭和60(1985)年に開催されることとなる。イギリスのサッチャー首相、フランスのミッテラン大統領などの首脳が事前につくばの地を訪れることとなり、注目の的ともなった。

科学博覧会の成功のおかげでつくばの知名度も上がり、谷田部町と大穂町・豊里町で2つの工業団地造成事業を茨城県の都市計画事業をして実施することになった。その工業団地は主として研究所団地を前提に世界にも誇れる景観の優れた団地とすることとして景観基準にしたがって団地造成をし、建物を建ててもらうことにしたのである。

もう一つの課題として取り組んだのが、鉄道新線を造ることであった。当時筑波研究学園都市に土浦からの新交通を造っていくという計画が進んでいた。しかし、東京から直接新線を引くという第二常磐線という構想もあった。

当初は、夢のような話として語られていたのであるが、国、関係都県、鉄道事業者との議論を3年にわたって積み重ね、1982(昭和57)年に都市交通審議会で審議してもらえるようになって軌道にのせることができたのであった。その後、関係者の努力が実り、2005(平成17)年にTXが秋葉原からつくばまで開通することになった。TXは、東京と直結したことにより、つくばがより便利になり発展するのに役立ったといえる。

茨城県から本省へ戻ってからも筑波研究学園都市と担当課長となり、その後も引き続きつくばと仕事の関係は継続し、「宅鉄法」（「大都市地域における宅地開発及び鉄道整備一体的推進に関する特別措置法」）に携わったり、つくばの合併の仕方について竹内知事と相談をしたりなど、様々な場面でつくばとの関わり合いが続いてきた。

このように筑波研究学園都市に関わってきた者として、つくばが50周年を迎えたことは喜びに堪えないことである。そして、これを機に筑波研究学園都市のことをまとめてみようと考え、本書を執筆することとなったのである。

2015年4月

三井　康壽

目　次

発刊に寄せて ··· i
まえがき ·· iii

第1章　田園都市論 ·· 1
1.1　はじめに ·· 1
1.2　田園都市論 ·· 3
　（1）　三本の柱　3Pillars ·· 3
　（2）　飯沼一省「都市の理念」 ··· 3
　（3）　ハワード「明日の田園都市」 ·· 5
　（4）　ハワードの田園都市 ·· 9
　（5）　レッチワース ·· 10
　（6）　内務省地方局有志「田園都市」 ··· 11
　（7）　日本の田園都市・・・田園調布 ··· 12
　（8）　マジックワード"田園都市" ··· 16

第2章　施設計画論（市区改正・旧都市計画法） ··· 17
2.1　はじめに ··· 17
2.2　我が国近代都市計画の原点　──銀座煉瓦街 ·· 17
2.3　都市計画制度の嚆矢　──東京市改造計画 ·· 20
　（1）　官庁集中計画 ··· 21
　（2）　東京市区改正条例 ··· 22
2.4　旧都市計画法の制定 ·· 24
　（1）　施設計画論 ·· 24
　（2）　法適用都市 ·· 28
　（3）　都市計画区域制度 ··· 28
　（4）　都市計画・都市計画事業 ·· 29
　（5）　都市計画委員会 ·· 31

(6)　都市計画制限 32
　(7)　収用権 33

第3章　区画整理手法論（災害復興、震災復興、戦災復興） 35
3.1　はじめに 35
3.2　田区改正 ──土地区画整理の源流 37
3.3　耕地整理法 37
3.4　区画整理の登場 ──都市計画法 39
　(1)　施設計画としての位置づけ 40
　(2)　第三のカテゴリー（事業都市計画） 40
　(3)　他人の衣 ──耕地整理法の準用 41
　(4)　池田宏と後藤新平 41
　(5)　都市計画施設としての区画整理 43
3.5　震災復興 ──特別都市計画法 43
3.6　農地整理から宅地整理へ、組合施行から公的施行へ 44
3.7　戦災復興 47
3.8　火災復興 50
3.9　借り着から晴れ着へ ──土地区画整理法の制定 51

第4章　首都圏整備計画 55
4.1　はじめに 55
4.2　圏域計画への発展 57
4.3　見果てぬ夢 ──グリーンベルト 59
4.4　大都市圏整備時代へ 63
4.5　中枢管理機能論と研究機関の拡充強化論 64
4.6　首都圏整備法の改正 66

第5章　都市化の時代 ──面開発の時代 69
5.1　はじめに 69
5.2　工業等制限法 71
5.3　静態的都市計画から動態的都市計画（面開発）へ 72
5.4　工業団地造成事業 ──面開発第一弾 73
5.5　収用権の根拠 75

5.6	新住宅市街地開発事業 ——面開発第二弾	78
	（1）住宅地開発への収用権	80
	（2）収用権付与の理論的根拠	80
5.7	流通業務団地 ——面開発第三弾	83

第6章　新都市計画法
——都市化時代の法体系の確立　新法での学園都市づくり … 85

6.1	新しい衣へ	85
6.2	地価高騰という外圧	90
6.3	地価対策閣僚協議会	93
6.4	宅地審議会第六次答申	94
6.5	三つの論点	98
	（1）市街化区域・市街化調整区域と開発許可制度	98
	（2）農業との土地利用調整	100
	（3）地方自治と都市計画決定権	100
6.6	筑波研究学園都市と新都市計画法 ——タイミングの良かった新法制定	102

第7章　研究学園都市構想事始め … 105

7.1	はじめに	105
7.2	立地条件および施設整備の改善	106
7.3	国立の学校については別途検討する	109
	（1）移転機関の選定	109
	（2）用地買収へ	113
	（3）クラスター開発	114

第8章　自立都市への道 … 119

8.1	はじめに	119
8.2	公共施設	122
	（1）道路	122
	（2）公園	123
	（3）歩行者専用道路	124
	（4）移転教育・研究機関	125

（5）　住宅地 ... 126
8.3　人口計画 ... 126

第9章　科学技術博覧会 ... 135
9.1　はじめに ... 135
9.2　国際博覧会のアイディア ... 135
9.3　国際博覧会 ... 136
9.4　博覧会国際事務局 ――BIE ... 138
9.5　開催に至る国内手続き ... 140
9.6　世界に開かれた茨城づくり ... 144
9.7　科学万博の開催 ... 147
9.8　科学博がつくばへもたらした効果 ... 147
　（1）　筑波研究学園都市の熟成 ... 147
　（2）　インダストリアル・パーク ... 148
　（3）　国際都市化 ... 149

第10章　景　観 ... 153
10.1　はじめに ... 153
10.2　建設当時からの景観計画 ... 158
　（1）　一団地の官公庁施設の景観計画 ... 158
　（2）　住宅地の景観計画 ... 160
10.3　概成時の景観計画 ... 162
　（1）　センター地区の景観計画 ... 162
　（2）　文教地区条例と敷地条例 ... 165
　（3）　景観審査会 ... 166
10.4　概成後の工業団地(研究所団地)の景観計画 ... 167
　（1）　インダストリアル・パークに ... 167
　（2）　科学博会場計画との調整 ... 168
10.5　つくば市景観条例 ... 172
　（1）　骨格軸による景観形成方針 ... 172
　（2）　ゾーン別の景観形成 ... 173

第 11 章　鉄道新線 TX ——日本の近代化の歴史は鉄道敷設の歴史 … 177
11.1　山東構想 … 177
（1）　鉄道による都市の発展 … 177
（2）　戦後の都市化の圧力と鉄道 … 178
11.2　八十島委員会 … 180
（1）　鉄道願望 … 180
（2）　八十島委員会 … 180
11.3　茨城県の取り組みと運輸政策審議会 … 181
（1）　第 2 次県民福祉基本計画 … 181
（2）　茨城県の取り組み方針 … 182
（3）　第二常磐線と地域開発に関する調査 … 185
（4）　第一ステージ：運輸政策審議会 … 187
11.4　運政審第 7 号答申 … 192
（1）　運政審第 7 号答申 … 192
（2）　答申後の動き … 194
11.5　宅鉄法 … 197
（1）　第二ステージ：宅鉄法 ——鉄道建設と宅地開発の結合 … 197
（2）　首都圏新都市鉄道（株） … 198
（3）　基本計画 … 203
（4）　その後の経過 … 204
11.6　TX のもたらした効果 … 204
（1）　45 分の新鉄道 … 204
（2）　20 万都市の実現 … 205
（3）　自立都市論との関係 … 207

第 12 章　研究学園都市の進むべき道（将来） … 211
12.1　はじめに … 211
12.2　つくば市の誕生 … 214
12.3　つくば市の姿 … 215
（1）　人口 … 215
（2）　産業 … 216
12.4　将来への展望 … 219
（1）　三つの理念 … 219

（2） 更なる国際都市化	222
（3） コンベンションシティ化	224
（4） 観光都市化	224

あとがき ……………………………………………………………………… 229

索　引 ………………………………………………………………………… 231

初出　特別寄稿「筑波研究学園都市（理論と実践）」、機関誌『新都市』Vol.67 No.10, 12（2013 年）、
　　　Vol.68 No.1〜5, 7〜9, 11, 12（2014 年）、公益財団法人都市計画協会

第1章　田園都市論

1.1　はじめに

　筑波研究学園都市は平成25(2013)年50周年を迎えた。昭和38(1963)年9月10日に「筑波研究学園都市の建設」という閣議了解がなされ、正式に研究学園都市の建設がスタートをしてからちょうど半世紀を経過したのである。同年11月12日には、つくば市で盛大な式典が催された。

　筑波研究学園都市は、世界的にみて近代都市計画史の中でも極めて高い評価を受けている都市づくりであるということができる。国家の経済発展と世界的な科学技術研究を追究すること、都市の過大化の弊害を防ぐために既成市街地にある研究機関の移転を図ること等、ある種の実験的都市計画を志向した点で極めて注目された都市づくりであった。

　しかし、どの国でもいえることであるが、都市計画の実践はそれぞれの国における都市づくりをしてきた伝統や観念、さらにはそれぞれの時代といった時間の概念の影響を受け、それぞれの国の特徴が反映されて進み、結果として出来上がっていくものといえる。

　筑波研究学園都市は、戦後の都市の発展の中から生まれてきた都市づくりである。太平洋戦争によって焼土と化した我が国土、特に都市地域の復興のため、昭和20年11月に戦災復興院が発足した。被災都市の復興を図ることが政府として喫緊の課題であり、特別都市計画法を制定して215の罹災都市のうち115都市を戦災復興事業として実施に移すこととされたのである。昭和20年代はこの戦災復興という戦争による負の遺産の解消と、将来の発展への街の復興が都市計画の課題であり、それに力を注ぐ時代であった。この戦災復興事業は、昭和33年までには大都市を除いて収束してきており、都市計画も新たな課題へと取り組むこととなる。

　それは都市化の時代への対応、すなわち、都市への人口の集中によって起こるいわゆる大都市問題への対応という課題であった。戦災復興事業を乗り越えた昭和30年代は経済が上向きになり、池田内閣の所得倍増計画からは経済発

展が目覚ましくなってきた時代であるが、逆に工業化の進展に伴い都市に人口が集中し、都市問題の発生への対処を急がなければならなくなった。特に東京圏では、東京への人口集中は新たな住宅の供給を迫られる一方、過密による交通混雑、環境の悪化等に伴い、都市にある諸機能の分散も急務となってきたのである。そうした状況で、新しい都市を造って東京にある大学や研究機関をひとまとめに移転する構想がテイクオフすることとなったのである。

　研究学園都市は、当時の日本としては画期的な国家プロジェクトであった。技術革新による産業の発展を梃子にして日本経済が発展していくという目覚ましい時代にあって、大都市対策もまた大きく変化を求められていたからである。昭和30年代の産業の発展に伴う都市への人口集中は、大都市での千里ニュータウン、多摩ニュータウンなどの大規模なニュータウンを続々と造らなければならない時代でもあった。しかしこれらのニュータウンの性格は、新住宅地の開発で母都市からの距離も近く、通勤も容易な都市づくりであって、自立した都市づくりというわけではなかった。その中で筑波研究学園都市は、東京から70キロ離れ、通勤がかなわない立地特性から単なるベッドタウンでなく新しい自立都市を造る、しかもこれからの日本の発展を支える研究機関を中心とした都市を造る、という錦の御旗を掲げたからであった。

(写真提供：UR都市機構)

写真1-1　筑波研究学園都市（開発前）

国家的プロジェクトとしての研究学園都市づくりは、明治以来近代都市計画に取り組み、積み上げてきた仕組みや経験のすべてを投入して造られてきた。つくばの歴史は我が国都市計画の歴史、発展過程の鑑である。その意味で、筑波研究学園都市計画を我が国都市計画制度の理念、仕組みと発展過程を考慮しながら論を進めていくこととしたい。

1.2　田園都市論

(1)　三本の柱　3Pillars

　日本の近代都市計画史をひもといてみると、そこには大きくまとめていうと三本の柱が貫かれていることが明らかになる。それが、
① 田園都市論という都市の理念論、都市の理想論
② 江戸の城下町から西欧の都市へ脱皮するための道路や公園を造るという施設計画論
③ 街並みを整えるために編み出された独自の区画整理という手法論

である。
　この三つの柱の相互関係によって現在の日本の都市が形づくられてきたといっても過言ではないだろう。筑波研究学園都市も、この三つの柱が巧みに折り重なって形成されてきた。
　そこで、筑波研究学園都市を論ずる前にこの三本の柱について、あらかじめその理論について承知しておくことが必要である。

(2)　飯沼一省「都市の理念」

　日本における近代都市計画の先達飯沼一省は名著「都市の理念」で、我が国の都市は英国のサー・エベネザ・ハワード(Sir Ebenezer Howard)が提唱した田園都市(Garden City)の理念によって構築されなければならないと述べている。明治維新の文明開化、西欧化主義は江戸を改めて東京を首都として整備することに始まるが、明治2年にはパリ改造計画が我が国でも紹介され、その後ロンドン、パリ、東京の比較をしながら帝都改造の議が進められ、明治21年8月16日に東京市区改正条例という勅令が公布された。首都の改造計画のみが進められていくうちに大正3年第1次大戦で欧州が疲弊したこともあり、我が国で製造業が急増し、東京以外の都市にも工場が増加して、人口が増加し、こうした都市の改造計画が必要となり、大正7年4月に東京市区改正条例を大阪、名

古屋、神戸、横浜、京都の五大都市にも拡大して適用することとしたのである。このように近代産業の進展に伴って都市化が進み、時代の要請は、本格的な都市計画制度を作るべしという気運を強めることとなった。

　こうして大正8年9月1日に都市計画法が制定された。大正8年は都市計画という名称での法制ができた記念すべき年であるが、飯沼一省はその法が施行された大正9年の2年後大正11年に内務省に都市計画局が創設されたとき配属され、我が国都市計画制度に本格的に携わった人物である。翌12年外国の都市計画を視察するため米国と英国に出張したが、ロンドンで英国都市計画協会を訪ね、ハワードの田園都市論を紹介され、これこそ都市づくりの本筋だと感銘を受け共鳴したのであった。

　飯沼は明治25(1892)年生まれ。大正6年に東京帝国大学法学部を卒業して、内務省に入省し、土木局道路課へ配属された。内務省土木局は、戦後は建設省、現在は国土交通省となっているが、当時の土木局は河川課、港湾課と道路課という三課しかなかった。しかも、都市計画は港湾課でやっていたのである。その頃の都市計画は市区改正と称されていたが、市区改正については後述するとして、飯沼が入省して2年後に都市計画法が制定され、我が国の都市計画制度も新たな時代に入ったのであった。

　大正8年にこの都市計画法が制定され、かつ、11年には都市計画局が新設されて体制が整ったようにみえるのだが、実際は十分に機能が発揮できる状態ではなかった。飯沼の回想によると「都市計画法も省内で甚だ評判がよくなかった。同時に制定された市街地建築物法は世間の嫌われもので、自分の土地に自分の金で建物を建てるのに何故役人が干渉するのか、という不平が世間にはあった。都市計画の仕事は土木ばかりでなく衛生などもあるが、他局との意志統一も十分でなく、警保局(現在の警察庁)、衛生局(現在の厚生労働省)を含めて内務省全体の空気は冷淡だった。省内がこういう状態なので大蔵省にも都市計画の予算はなかなか通してもらえない。金ばかり使ってろくなことをしていないじゃないかという有様だった」というのである。「省内でもそうした状態であったので、省外でも評価されなかった。予算を預かる大蔵省でも効果が上がらないと考えられ予算が貰えない有様であった」ようだ。

　飯沼は都市計画局が創設されたとき、初代の内務事務官として配属された。内務事務官とは、当時としては筆頭の政策立案の責任を持っていたのであるが、生まれて間もない我が国の都市計画制度をいかに構築していくかという期待が飯沼にかかったのである。大正11(1922)年に配属後、都市計画の書物を読んだ

り、市区改正の実情を見たり聞いたりして過ごしていたが、欧米の都市計画を視察してきたらよかろうということになって、翌年の2月から12月まで1年がかりでアメリカとヨーロッパへ出張して調査することとなった。この出張が以後の飯沼の都市計画の理想を決定づける契機となったのである。

　当時の外国行きは船を使って行き帰りに相当の日数が必要なのだが、それでも約1年の出張であるから現在の出張とは大違いであった。初めにアメリカへ渡りサンフランシスコ、シアトル、ニューヨーク、ボストン、ワシントンなどのアメリカの都市計画の調査をし、ボルチモアの全米都市会議に出席。その後ロンドンに渡って英国都市計画協会の会長だったエベネザ・ハワードにも面会。田園都市の考え方を聞き、実際に造られていたウェルウィン、レッチワースという田園都市(ニュータウン)を見て、さらにスウェーデンのゴーテンベルグで開かれた世界田園都市および都市計画会議に出席して、英国代表のレイモンド・アンウィンの「田園都市と過大都市」の講演に感銘を受け、日本の都市計画はこの田園都市の理念によって進めるべきだと確信したのであった。

(3)　ハワード「明日の田園都市」

　ここで、ハワードの田園都市はどのような歴史的経過の下に生み出され発展していったかを知っておく必要がある。18世紀の半ばからイギリスで始まった産業革命は、農業社会から工業社会へと社会構造の変化をもたらすことになった。手工業から機械工業への転換は連鎖的に石炭、鉄等の工業の発展につながり、蒸気機関車や蒸気船の登場によって飛躍的に経済が発展していった。しかし、それは農村人口が都市へ流れ込むことを意味し、都市の労働者は低賃金、長時間労働を強いられ、不良な住宅地をたくさん生み出すという都市問題を抱えることになった。したがって、イギリスは都市への人口集中をいかに取り扱うかが世界で最も早く直面した国となったのである。

　19世紀になってこうした都市問題の解決のため、上下水道や街路を整備し、住宅建設に衛生条件を義務づける公衆衛生法、労働者住居法などが制定されていく。そして、1898(明治31)年にハワードが「明日——真の改革にいたる平和な道(To-morrow; A Peaceful Path to Real Reform)」を発表。そして、ハワードは1902(明治35)年にそれを改題して「明日の田園都市(Garden Cities of To-morrow)」として出版したのである。ハワードの田園都市は、都市への人口集中に伴って過密化し、スラムの発生等環境が悪化する都市から離れた農村に自然環境が良く、職場も作り自立する新しいきれいな街並みの都市を造るとい

う形態の面から見られがちであるが、その本質は社会改革、思想改革であった。それは負の社会蓄積を正の社会組織へ改造していくというものであり、希望の持てる社会を創造していこうとするものであった。

ハワードの「田園都市論」の要旨をまとめてみると、以下のようになる。

社会と経済を発展させてきた産業革命と資本主義は、都市と農村に深刻な問題をもたらした。

第一は、産業革命により都市の工場に、低賃金、長時間労働の労働者を集め、劣悪な住宅に住まわせ、他方農村では有力な働き手を都市に奪われてしまうこととなったことへの反省である。資本の論理は資本の自由に任せるのでなく、社会を改良すべきという英国流の社会主義である。

第二に、産業革命によって引き起こされた都市問題は、都市と農村の利点を生かし、その欠点を補う形の都市と農村との融合を図る田園都市の建設によって解決しようというコンセプトである。これをもう少し詳述すると、ハワードは磁石のダイアグラムを使って説明する。都市の持っている利点(引っ張る力)と欠点(他に引っ張られる力)、その反対となる農村の持っている欠点と利点を説明し、都市と農村の持っている利点を田園都市で結合させることによって、新しい希望と新しい生活と新しい文明が生まれてくるのであろうと説くのである。

都市には、
　　　社会という交流の機会が多くあること
　　　高い賃金が得られること
　　　雇用の機会が多いこと
　　　娯楽の場所も多いこと
といった魅力(磁石としてプラスに引っ張る力)がある一方、
　　　自然の美しさがないこと
　　　家賃や物価が高いこと
　　　過度の労働時間を強いられること
　　　通勤時間が長いこと
　　　不潔な空気や暗い空があること
といったマイナスの力がある。

他方、農村には、
　　　自然の美しさがあること

　　　　　新鮮な空気、豊富な水や太陽の輝きがあること
といった魅力がある一方、
　　　　　社会との交流が少ないこと
　　　　　低賃金であること
　　　　　娯楽が欠乏していること
などのマイナスがある。

　そこで、都市の利点（プラス）と農村の利点〈プラス〉を取り入れた都市と農村を融合させた田園都市を提唱したのである（図 1-1 参照）。

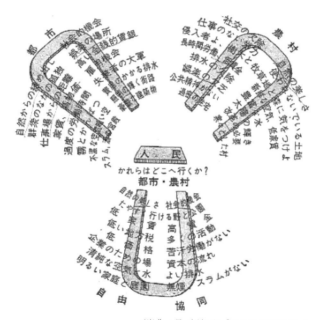

（出典：長 素連 訳「明日の田園都市」）

図 1-1　三つの磁石

　第三に、都市と農村が共存し自立したものでなければならないことから、土地の公有性、株式会社組織による都市経営論を提示している。
　第四に、計画技術の点でも図表を使ってわかりやすくコンセプトとイメージを提示している。その要点を挙げると次のようになる（図 1-2 参照）。

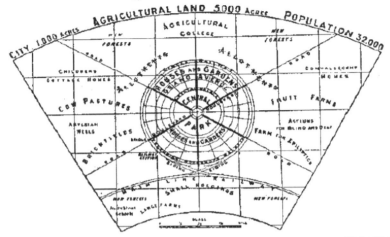

(出典：Ebenezer Howard "GARDEN CITIES OF TO-MORROW")

図 1-2　田園都市の模式図 I

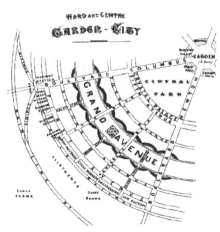

(出典：Ebenezer Howard "GARDEN CITIES OF TO-MORROW")

図 1-3　田園都市の模式図 II

(模式図 I の一部を拡大したもの。後述の田園調布との類似に注目)

① 土地を 6,000 エーカーとして、
　　　田園都市の部分　　1,000 エーカー
　　　農村の部分　　　　5,000 エーカー
と農村に大部分囲まれた都市とする
② 人口は、
　　　田園都市が 3 万人
　　　農村が 2,000 人
③ 田園都市は、
中心に公園を配置した円の中を広い放射状の並木道で六等分し、かつ同心円に環状道路を配して、同心円の中心に近いところから住宅地を配置し、続いて環状に緑地を配して工場、倉庫、市場などを配置する
そして他の都市とは鉄道で結ぶ
というものである。

(4) ハワードの田園都市

ハワードの田園都市論はイギリスで多くの賛同者を得て 1898 (明治 31) 年に英国田園都市協会が設立され、1902 (明治 35) 年には石鹸とチョコレートの製造業を営む資本家が参加して会社を設立し、ロンドンから北方 55km のレッチワースで 465 万坪 (約 1,500ha) の土地を買収して、人口 3 万人の田園都市の建設が始められたのである。そして、1920 (大正 9) 年に第二の田園都市をロンドンから 33km 北のウェルウィンに造るための会社が設立されるに至るのである。この田園都市のコンセプトは、豊かな自然に恵まれた郊外の農村地帯に新たな都市を造り、悲惨な労働者でない中産階級が働き住めるというヒューマニズムがその根底に横たわっているといえる。

自由放任 (レッセフェール) という旗印の下に行われてきた結果、都市の環境の悪化、非人間的な都市生活を強いられる労働者を抱える都市問題・社会問題への田園都市の提案は、世に受け入れられ、都市問題が顕在化してきた世界各国へと影響を与え伝播していったのである。

ハワードの田園都市論を契機として国際都市計画会議 (IFHP) が発足し、飯沼がアメリカとヨーロッパへ都市計画の調査で外国へ出かけた 1923 (大正 12) 年 8 月に、この国際田園都市および都市計画会議がスウェーデンで開催されたので、飯沼は 7 月にレッチワース、ウェルウィンを視察したあとこの会議に出席し、ハワードにも面会している。そして、翌 1924 (大正 13) 年のアムステルダムで

開かれた大会では田園都市の理念を入れた決議がなされ、公式に世界で認知されることとなった。その要点は、都市の無限な膨張は望ましくなく、大都市の膨張を防ぐため衛星都市を造って人口を分散すること、各都市は緑地帯をもって囲まれていなければならないこと、都市内外の交通問題を重視すること、広域計画(地方計画と称している)との関係を大事にし、これらの計画は法律による規制をもって担保すべしというものである。

(5) レッチワース

　英国の最初の田園都市レッチワースは造られてから既に1世紀を超えたオールドタウンであるが、緑豊かなニュータウンの表情を失わない落ち着いた街である。日本の田園調布駅にたたずまいが似た小振りのレンガ建ての"Letchworth Garden City"とわかりやすく表示された駅舎の前の広場から、真ん中に植樹帯のある四車線の街路の両側には三階建ての店舗、住宅が整然と連なって並び、広告が抑えられているため極めて静かな街並みの様相である。

　広い街路沿いの住宅地では両側に高い街路樹が立ち並び、住宅も少し大きな規模のものが建てられている。少し狭い街路沿いの住宅地でも両側に同じように街路樹が高く伸び、戸建て住宅の前庭が綺麗に整えられている。しかも街路や住宅敷地の豊かな緑に加えて大きな公園や緑地が配置され、街の外側は緑地と農地に囲まれている状況は羨ましい限りである。

(写真提供：黒川　剛)

写真 1-2　中央公園に続く街路

(写真提供：黒川 剛)

写真1-3　外縁の緑地

　写真1-2および写真1-3で、奥に見える緑の中央公園へ続く街路樹に囲まれた道路沿いの住宅地と、街の外縁の緑地を見ていただければ、現在のレッチワースの姿に触れることができよう。レッチワースでは工場なども目立たないことと、ロンドンへは30分程度で往来できるので通勤者が多いようだ。その意味で完全な自立都市とはいえないかもしれないが、緑の多い田園都市であることは間違いないのである。

(6)　内務省地方局有志「田園都市」
　飯沼が、田園都市論の目指すところを我が国の都市計画でも目指す理念としなければならないと確信を抱いたのは1923（大正12）年であったのであるが、ハワードの田園都市論はそれより15年前に内務省地方局の有志によって詳細に研究され、15章308頁に及ぶかなり厚い本が出版されていたのである。
　この書では近年の欧米諸国が都市の改良、農村興新の問題に取り組み、都市と農村の長所をとり短所を補う「田園都市」が提唱され、勤労の美徳、協同推譲の精神、隣保相互の福利を進め、都市農村全体の反映を図ろうとしているとしてハワードの田園都市について、次のように紹介している。
　田園都市の主眼は、労働者の家族として清新和楽の家庭となるようにすること。自然に富んだ土地でそのため空気が良く光も充分ある場所で住むようにして、数畝歩の庭園で労務の余暇に農芸をして健康を保持すると共に収益をあげ

る。さらに公会堂、倶楽部、美術館を設けて品位のある娯楽をさせる。街づくりとしては家屋を集団で配置し、上下水道も全体の利便を考え、経費を少なくして都市経営を、土地は工場管理の一会社又は私人の所有とし、各人か自己の利益を図ることを主眼とする。道路等は樹木を植栽し、工場を近くに配置するので遠くに通勤する必要がなく身体の疲労もない。田園都市の理想が実現されれば総ての社会問題が悉く解決されることを疑わない。

○家屋の整善が云うに及ばず
○飲酒の弊害も、家庭で夕食の時晩酌数杯飲むこととなるので酒亭で寄り添って暴飲するための弊害がなくなる。

そして、この考え方に基づいて有志達は住居家庭、保健、勤労の気風、節酒、娯楽(アメニティ)、共同事業、教育、救貧事業等の章を立てて解説し、こうした田園都市などの欧米諸国の先進例を見習うべきと説いている。

最後に「我邦田園生活の精神」という章を三つ設け、全国各地の例を詳しく引きながら、我が国の都市はいかに自然を大切にしてきているかを記載している。いくつかの例を挙げると、人口200万人の東京でも高い建物の上からは天然自然の景色が見られるとか、地方都市は山水に臨んで田園の風を帯びているとか、水戸の偕楽園では藩主が市民に自然の風物を開放してきたとかといった都市での自然の共有のほか、領主や素封家が町民、村民のため資金を提供して講習会などで教育を広め、節酒による弊害を改め、共同作業で相互に助け合う精神を促してきた事例で、「田園都市論」の実践を我が国も行ってきたことが詳細に紹介されている。

こうしたことも、飯沼一省が田園都市論に傾斜していった一助となっているといえよう。

(7) 日本の田園都市・・・田園調布

しかし、近代都市計画の範とされたハワードの田園都市論も、ドイツやアメリカでさえ、現実の都市計画の中では理念型どおりにいったわけではなかった。日本においても大正年間の第1次大戦後の産業の発展に伴い、都市へ人口が集中しはじめ住宅地の需要が高まるにつれ、"田園都市論"の輸入(?)が現実化していった。

大正2(1913)年に三度目の欧米視察に出かけた実業家渋沢栄一は、ガーデンシティ式の住宅地を日本でも実現しようと考える。大正4年に入って程なく、畑弥右衛門という朝鮮半島で土地を手がけていた人物が渋沢を訪ね、当時東京

府下の荏原郡一帯を開発して電車を引いて東京へ通勤する人の住宅地を造ったらどうか、という話がもってこられる。

　渋沢栄一は、我が国は土地が狭い割に人口が急激に増加し、ことに都市に集中しており、地震の多い我が国では欧米のように二十階、三十階の家を建てることができないので、土地も家屋も騰貴し、中流以下はますます困窮することになる、と憂慮する。そこで、その後荏原郡一帯の地主などと頻繁に会って話をし、会合を重ね、開発する会社の設立や土地買収の相談をしてガーデンシティの建設に向けて精力的に取り組むのである。しかし、渋沢栄一の考えはハワードの田園都市とはコンセプトが異なると述べている。すなわち、ハワードの田園都市に具備しなければならない地域は、商業地域、工業地域、住居地域および農業地域の四つであり、工場労働者の住宅地を主眼としている。しかし、我が国では大都市を離れて自立する都市を造ることは至難のことである。

　したがって、英国の田園都市要件の四つの地域のうち工業地域に代えて東京市という大工場を有していると考え、ここに通勤するための高速の電車を造って通勤時間を短縮して、東京という大工場に通う知識階級の住宅地を造ろうというものであった。

　湿気の少ない高台で空気が清浄、樹木の多い広い土地で、電気・水道・ガス・電話が完備し、病院、学校などの文明的施設の利便を享受でき、しかも田園の風致を兼ね備える住宅地を造ろうとしたのである。

　こうした理想に燃えた栄一は、田園都市を経営する田園都市会社を数名の財界人の協力を得ながら設立し、大正7年から土地買収を開始していき、まず洗足池の開発、ついで田園調布の開発をしていくのである。

　栄一の理想を受け継いだのが四男の渋沢秀雄であった。秀雄は日本興業銀行に勤めていたのだが、田園都市会社ができた翌年銀行を辞めて田園都市会社に入った。街づくりの仕事が面白いと思って栄一に頼み込んだというのである。秀雄は父に劣らず理想家であった。入社後自費でアメリカ、ヨーロッパのガーデンシティを見に行き、住宅地の地図を集めてくる一方、ハワードの田園都市を勉強してレッチワースの視察にも行ってきたほどであった。

　田園都市会社の最初の開発は洗足池で24万坪（約79ha）であったが、次の開発は40万坪（約130ha）の多摩川台であった。この多摩川台が現在の田園調布である。秀雄は、ここの都市設計に外国で見てきた住宅地の図面を大いに参考にして、設計者に注文を出した。現在田園調布を空から見ると、田園調布の駅を中心として道路が放射状に造られている。このアイディアは、ハワードの模式

図(図 1-2、図 1-3 参照)の田園都市で真ん中の公園から同心円状に道路が描かれているのを思い出させてくれる。秀雄は後になって「道路は一直線に先まで見通せるとあんまり好奇心も起きないし、歩くのに飽きてしまうからカーブのついた道をつけてもらいたいと設計者に話した。パリのエトワール(凱旋門)という環状線と放射線が交錯している形式、あれだと居住者は駅へ最短距離で歩ける。すべての道路が駅に集中されるということは郊外電車で通う人のために一番便利なことである」と述べている。そしてこの田園調布では、土地の購入者は専用住宅と庭園のみしか使用できないこと、敷地分割は会社の同意が必要なこと、建物は三階建て以下とすること、建蔽率は５割までとすること、建物と道路の間は道路幅員の二分の一以上とすること等、細かいことが契約で義務づけられたのである。

　理想に燃える秀雄は、さらにニューヨークで見てきた急な坂のある場所に陸橋をかけようとしたらしい。しかし父の知己の会社の出資者でもある財界人から「これから儲かるか、儲からないかわからない会社がそんな贅沢な真似できない」と諭され、断念したというのである。

　このように都市への理想に燃えた渋沢父子の作り上げた田園調布の街は、現在でも閑静な高級住宅地の代名詞になって遺産として後世に伝えられてきているのである。そしてこの田園都市への足を造ったのが、田園都市会社の子会社の目黒蒲田電鉄であったが、そこに鉄道省の課長から現在の東急電鉄の前身の鉄道会社にいた五島慶太が専務として兼務で経営に携わり、この両社が田園都市を造っていったのであった。

　その他にも、こうした閑静な住宅地を鉄道沿線に造ろうと、1924(大正 13)年から西武線沿線で大泉学園都市、1925 年からは同じ西武線沿線の小平学園都市、1926 年から国立学園都市が計画されたが、これらは大学を誘致して良好な住宅地を造ろうとしたものであり、大泉学園都市は大学を誘致できなかったが小平と国立は現一橋大学を誘致することができ、当時としては周辺には田園環境は残っており、田園的環境の中で生活するという田園都市という言葉の響きには十分応えられたといえる。これらの住宅地は、今なお閑静なたたずまいの高級住宅地となっている。

　都市生活においても自然を取り入れることは、現在でもよく見かける光景である。マンションの各階ベランダに花が並んでいたり、屋上庭園を造る家があったり、"花いっぱい運動"などといって公園や道路などの公共の場所に彩りを添えたりしている。我々の心の中に都市と農村の融合を図りたいという意志が

あることからすれば、田園都市論はまさに人間に内在する普遍的原理に合致した都市の理念であるといえる。この意味で、飯沼一省が都市には理念があるべきだと考え、そしてその理念を具現した田園都市論に傾倒したのは至極当然であったといえる。

　飯沼は内務省の都市計画課長、内務次官、東京都長官を務めた後、都市計画協会の理事長、会長を務めるかたわら、宅地審議会の会長として旧都市計画を新法に改めるため答申をまとめ、昭和44年に成立した新都市計画法によって作られた都市計画中央審議会長となり、終生都市計画にかかわったのである。新都市計画法が施行された昭和44年においても、飯沼が田園都市論に出合ってからほぼ半世紀経っているにもかかわらず、"都市の理念、都市はいかにあるべきかがわからなかったが、ハワードのガーデンシティの理論にあって私は「これだ」と思った。今でもそう思っている"と述べているほど確信を持ち続けていたのである。そして90歳で亡くなる直前にも、"都市計画には都市計画の理念というものをちゃんと確立していってもらいたい"と遺言のように理念論の大切さを語ったのである。

（資料提供：東急不動産）

写真1-4　田園調布

都市の生成発展過程では、その時その時の政治、経済、社会情勢に影響を受け、それらの対応を迫られるものであるから、当初の考えから離れたり、実現できなかったりすることはよくあることで、これを否定することはできないが、飯沼の主張し続けた都市の理念、それは取りも直さずハワードの田園都市論の中に包含されている理念がどのように形成され、変遷していったかは、検証の価値があるものといえる。筑波研究学園都市の 50 年の歩みも、こうした観点から振り返ってみることが肝要である。

(8)　マジックワード"田園都市"

　飯沼一省が生涯取りつかれた田園都市論。飯沼ばかりでなくその後の我が国都市計画関係者は、その考えをいかにして実現するかに努力し、民間で都市開発、住宅開発をする事業家の指針、北極星だったといえる。その理想は世に受け入れられ、現在でも田園調布や田園都市線という田園都市をイメージする言葉は、固有名詞でありながら普通名詞化しているほか、学園都市という名前も田園都市の同類として人口に膾炙しているのである。

　ハワードの提案した"田園都市"は、まさしく魔法の言葉である。モーツァルトのオペラ「魔笛」は、その笛を吹くとあらゆる動物が寄ってきてその笛になびくのであるが、"田園都市は"まさしく魔笛のごとく世界の都市計画のプランナーを魅了し、その名で開発されたニュータウン、住宅地は人々を魅了してきたのである。

　昭和 45 年に「筑波研究学園都市法」が制定された。その第一条の目的には「均衡のとれた田園都市として整備し」と高らかに宣言されているのである。

[参考文献]
1)　Ebenezer Howard, "GARDEN CITIES of TO-MORROW", FABER AND FABER LTD.
2)　E.ハワード 著、長 素連 訳「明日の田園都市」、鹿島出版会、昭和 43 年 9 月
3)　内務省地方局有志 編纂「田園都市」、博文館、明治 40 年 12 月
4)　飯沼一省「都市計画の理論と法制」、良書普及会、昭和 2 年 11 月
5)　(非売品)飯沼一省「都市の理念」、都市計画法制定 50 年・新法施行記念事業委員会、昭和 44 年 6 月
6)　(非売品)「池田宏 都市論集」、池田宏遺稿集刊行会、昭和 15 年 4 月
7)　「渋谷栄一 伝記資料」第 53 巻、昭和 39 年 1 月
8)　「街づくり 50 年」、東急不動産(総務部社史編纂チーム)、昭和 48 年 12 月
9)　(非売品)「東急不動産 10 年のあゆみ」、東急不動産、昭和 39 年 1 月

第 2 章　施設計画論（市区改正・旧都市計画法）

2.1　はじめに

　それでは、都市計画の三本の柱の二つ目である施設計画論について述べていくこととしよう。我が国において初めて都市計画という名称が付けられた旧都市計画法は大正 8 年に制定された。この旧都市計画法において「都市計画ト称スルハ、交通、衛生、保安、防空、経済等ニ関シ永久ニ公共ノ安寧ヲ維持シ、又ハ福利ヲ増進スル為ノ重要施設ノ計画」と定義づけている。すなわち、都市計画は「施設計画」と明確に宣言しているのである。そしてこれが我が国の都市計画のメインストリームとして機能してきた。

　施設計画論といえども公共の安寧の維持と福利の増進を目的としているから、理念・理想がないわけではないのだが、田園都市論のように都市と農村の融合、都市経営全体のあり方による社会の改革をしていくというような理念、理想論によって立つというものではなかった。したがって平たくいうと、都市内の道路や公園などといった施設を新設したり改造することによって、都市を改造していこうとする法制であったといえる。それは、近代国家になった明治政府が、封建時代の都市の近代化を進めていかなければならなかった歴史的必然でもあったのである。そこで施設計画論に至るまでの過程を遡って検証してみることとしよう。

2.2　我が国近代都市計画の原点 ──銀座煉瓦街

　明治維新は英語では Meiji Restoration とされていて王政復古という意味合いを持たされているが、実質は革命（Revolution）であった。封建国家から近代国家への変革である。その変革を迫っていたのが西欧先進国家のアジア進出による植民地化を防ぎ、近代国家としての国家体制を形成することであった。そのためには強力な集権国家を作り、諸外国が発展してきた近代技術による産業を取り入れ、軍備を強化し、それを支える国民の教育の普及といった政策が次々

と打ち出されていったわけである。当時のキャッチフレーズとしてよく言われた「殖産興業」「富国強兵」は、そのことを言い当てている。

　江戸の末期の開国以来、外国人の来日も増え、文物が入り込んでくるほか、明治政府も外国人を雇って西洋の近代化を日本に導入しようとする一方、将来ある人材を留学させるなどして近代日本を作ろうとしたわけである。外国へ出かけた当時の日本人は、まさに驚嘆の連続であったに違いない。町では蒸気で走る汽車が走り、道は広く馬車が走り、産業が盛んに活動しているのを我が国と比較して、西洋文明を早く導入しなければならないと痛感したに違いない。明治5年に日本で初めて鉄道が新橋－横浜間にできたときの騒ぎは大変なものであった。また「文明開化」も当時のスローガンの一つであった。

ザンギリ頭を叩いてみれば
文明開化の音がする

という戯れ歌は、当時の世相をよく表しているのである。

　近代化の点から都市について見てみると、これも欧米の都市を視察した政府の要人達も西欧近代国家の都市との彼我の差の大きいことに気がついていた。特に首都東京の町の状態は、道が狭く、曲がりくねってぬかるんでいて、建物も木造で貧弱であったからである。しかも木造都市である我が国では江戸時代から大火に見舞われ、"火事は江戸の華"などとはやされているほどで、特に庶民の住む下町は火災によって焼失することが多かった。このことは明治になっても変わることなく、何度となく東京は大火にあうことになる。

　明治になって諸大名の屋敷は官有にされたのであるが、今の大手町の旧会津藩用地を兵部省(今でいえば防衛省)が使っていたが、その建物から明治5年2月に出火して銀座に至るまで焼失する大火が起きた。これを契機として政府は、東京を大火から守り、近代国家の首都としてふさわしい町にするべく東京府下を洋風の町に大改造することを考える。しかし結果的には、銀座の煉瓦街ができたにとどまった。もっとも、これによって銀座通りは15間(約27m)の道を造り、それが現在の銀座通りとなったのである。拡幅した道路は明治7年にでき、煉瓦街自体は明治11年に出来上がったのであるが、建物への入居はあまり人気がなく、江戸時代からの習慣から洋風は馴染めなかったようだ。

　明治政府の為政者は何としても東京を近代国家の首都としての体裁を整えようとしたのであるが、煉瓦街という"かたち"を整えようとしても、民心は付いて来られなかったというのが当時の社会の実態であった。

　しかし、都市の不燃化はとりもなおさず我が国の近代都市計画の原点であり、

文明開化のシンボルであった。もっともこの煉瓦街の建設は、いまだ当時の社会に受け入れられざる政策であったことに加えて、東京府知事由利公正と大蔵卿井上馨との個人的確執も激しかったと言われている。両者の間にはかねてから意見の対立があり、大火の復興と銀座煉瓦街の建設についても意見がまとまらず、ついに政府は由利を罷免する事態となったというのである。井上馨は、後で述べるが、外務卿として明治政府の大きな課題であった不平等条約の改正に取り組んでいたことから、霞ヶ関一帯に「官庁集中計画」という壮大な首都建設を打ち出すことを考えて、首都の都市づくりに自らも考えを持っていて由利と意見が合わなかったのである。

(Wikipedia「銀座煉瓦街」より)

図 2-1　銀座煉瓦街

　明治政府は中央集権的近代国家を目指し、殖産興業、富国強兵、文明開化という基本テーゼで進めていくなかで、近代国家の首都として西欧の首都に引けを取らない東京を造っていくという基本方針は持っていたものの、その理念や具体的な実施、実現していく仕組みについては確たるものを持たず、また、政府全体として一体として取り組んでいない、いってみれば星雲状態で、手さぐりで首都問題に取り組んでいたというのが実態であろう。ましてや封建社会の城下町や農村での生活に慣れていた当時の人々にとって、生活の仕方を一変する街づくりに、すぐには付いて行くことができなかったのが実態と考えてよいだろう。

2.3　都市計画制度の嚆矢 ──東京市改造計画

　由利東京府知事の罷免で銀座煉瓦街のような東京の改造計画は一時下火となったのだが、首都東京を近代国家の都市へ改造しようという考えまで消滅したわけでなかった。第6代東京府知事となった松田道之は、明治12年12月に日本橋で大火があった後、これを機に翌年市区改正取調委員局を設置して市区改正と東京の開港を図ることを提起した。松田の死後明治15年7月に知事となった芳川顕正がこれを引き継ぎ、2年間にわたる調査検討を行い、西欧の都市のように馬車、鉄道馬車が通れるよう道路を広げることを基本にし、火災が起きるたびに部分的に改造するのでなく、都市全体としての改造の計画を立て順番を決めて事業を進めていくべきであるという趣旨の上申書を内務卿山縣有朋に提出するに至る。

　この上申書こそが、我が国都市計画制度の原点である。すなわち、西欧都市のような首都にふさわしい道路を中心とし、橋梁、河川、鉄道といった土木事業を重視し、その全体計画を立てて、順次事業を実施していく考え方である。この考えは東京市区改正条例として制度化され、その後大正8年の旧都市計画法でさらに発展し、さらに昭和43年の現行都市計画法にも受け継がれているのである。

　芳川はロンドン、パリを訪れているため、特にパリのような街にしたいと考えていたようであるし、彼を支えた工部省の原口要は、米国に留学してアメリカでの実務を経験した土木工学の専門家でもあったこともあって、土木関係を中心とした市区改正の案が取りまとめられていったといえる。

　明治20年代までは政府としては、近代国家の首都を西欧諸国の首都に比肩するものを造るという考えはあっても、その理念や方法については確たる方針があったとはいえなかったといえる。

　殖産興業としては明治5年に群馬県富岡に製糸場を造り、富国強兵は明治6年に徴兵令を定めて国民皆兵制度を作った。また、教育改革は明治5年に学制を作り全国を八の大学区、その下に中学校区、さらにその下に小学区を作り、特に小学校教育は国民皆就学させるという、西欧の文明に追いつくための近代化が着々と進められていったのと比較すると、都市計画の面では、明治10年までの銀座煉瓦街以来見るべきものが少なかったのである。

(1) 官庁集中計画

 ところが土木中心の市区改正とは異なって、外務卿井上馨は建築サイドからの帝都づくりを考えていた。内閣制度の発足によって外務卿から外務大臣となった井上は、明治19年1月に臨時建築局を創設し、自らが総裁となって建築系のスタッフを集め、さらにドイツの建築家ベックマン、エンデなどを招聘し、霞ヶ関を中心とした壮大な官庁集中計画をまとめたのである。

 井上馨は明治政府の不平等条約改正という目標を達成するという任務を持たされていたこともあって、我が国を西欧化による近代化を急ぐことによって条約改正を果たそうと考えたのである。そのため鹿鳴館を造って欧風のダンスパーティーを繰り広げて外国人へのアピールをしたほどであったが、官庁集中計画もその一環とされたといえる。官庁集中計画はいくつかの案が提案されたが、ここではエンデ案を掲げておく。ただ官庁集中計画は、東京府、内務省系の市区改正の議論の進行に水を差すこととなった。

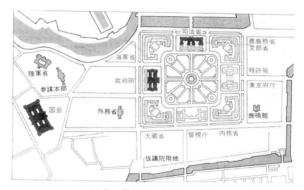

(出典:藤森照信「明治の東京計画」、岩波書店)

図 2-2 官庁集中計画(エンデ案)

 現在でも赤煉瓦の法務省と最高裁判所は、その時の遺産として残されたものである。しかし残念ながら井上の条約改正交渉は明治20年に失敗に帰し、それ故井上は外務大臣と臨時建築局総裁も辞任せざるを得なくなった。その結果、臨時建築局は、東京府知事から内務大臣となった芳川の内務省へ移されたのである。しかも、官庁集中計画は、井上馨の失脚に伴い臨時建築局が内務省へ併合されることによって頓挫し、内務省系の土木中心の市区改正論が本格化していく。

(2) 東京市区改正条例

　一時中断状態にあった内務省の市区改正を再び政府として推進することとなり、市区改正条例案を元老院に付議するに至る。元老院は明治8年に設置された立法審議のための組織だったが、市区改正条例案を不急のものとして否決する。

　元老院の否決があったにもかかわらず、内務大臣山縣有朋と外務大臣松方正義はこれに強く反論した。要するに東京は皇居があり、政府の所在地であり、首都であるから、将来の大計を考えれば元老院が言うような不急の事業ではないというのである。「東京市区改正条例注釈」の序によると、「東京は東洋第一の独立帝国の首都であり、文明国、独立国の野蛮陋習から脱却すべきである。近時車馬、汽車の往来が盛んになってきたが東京は他の諸外国と比較して野蛮群居の状況を脱却していない。ここに陛下が大臣に命じて東京の市区改正を実施して文明の形があらわれるようにとの御意により本条例を発表するに至った」と書き記されている。

　ちょうどこの頃は明治18年に内閣制度ができ、明治22年に憲法を制定しようとしていた時代であるから、いよいよ近代国家としての日本を強く意識していたこともあって、山縣達の首都改造計画は近代国家の首都建設を不退転の決意を持っていたかが窺い知れるのである。この時に我が国都市計画制度は、星雲状態から脱却して確実な一歩を踏み出したといえるのである。

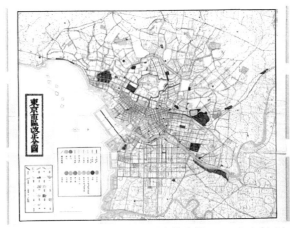

(出典：国立公文書館デジタルアーカイブより)

図 2-3　東京市区改正全図

こうして制定された東京市区改正条例に基づいて市区改正委員会が設置され、市区改正の案を審議し、それに基づいて明治22年5月に決定されたのである。道路、河川、鉄道、公園、一場、火葬場、墓地について決定されたのであるが、道路についての図面は**図 2-3**に示すようなものであった。この案は現在の道路の骨格の基本をなしているといってよいので、図面を掲げておく。

　東京市区改正条例は芳川の上申書の内容が基本となって実施されたものということができるが、その考えの基本は「道路橋梁河川ハ本ナリ　水道家屋下水ハ末ナリ」というものであった。東京市区改正条例の制定は我が国都市計画制度が星雲状態から抜け出して確定したが、「道路橋梁河川ハ本ナリ」という事業を中心とした線的な整備が中心であるから、住宅供給や地区の面的な整備といった建築行為を規制誘導して街づくりをしていくという考え方は採り入れられてはいなかった点は、注目しておかねばならない。

　我が国の都市計画制度は、施設都市計画という性格から出発し、広い道路のネットワークを組んで作り上げるのが最も迅速で、近代日本の首都を少なくとも欧米の首都のような外形を作り上げる方法と考えたのも無理からぬことであったともいえる。しかも市区改正とはあくまで帝都東京を改造するというものであって、他の都市のことは考慮に入れていなかったのである。東京だけの市区改正でありながら、前述の図のような道路のネットワークを作り上げるには膨大な事業費を必要とし、財政難から当初計画を縮小せざるを得なかったりしたが、約30年をかけて大正6年には概成するに至った。結果的には、この時の市区改正によって現在の東京の中心部の道路網の骨格は出来上がったということができる。そして翌年、東京市区改正条例は大阪、京都、横浜、神戸、名古屋の五大都市に準用され、東京だけの都市計画は、いよいよ他の都市でも実施する新たな時代へ入っていったのである。

　明治政府の国家目標である富国強兵、殖産興業は、日清・日露戦争による勝利、それを支える産業の発展と相まって、我が国は急速に産業国家へと変貌していった。これに伴い、都市への人口の集中により、全国的に都市をいかに近代的な町に作り変えていくかが大きな課題となっていったといえる。

　大阪等の大都市では市区改正の必要性が認識され独自にその調査に取り組んでいたが、政府としては帝都東京が最優先であり、しかも財政も厳しい状況の中で帝都の都市改造も当初の計画を縮小していかなければならないことから、他都市まで手が回らなかったというのが実状であったようだ。しかし縮小されたとはいうものの、その計画も概成してきたので大阪、京都、横浜、神戸、名

古屋の五大都市に東京市区改正条例が準用されることになったのである。

2.4　旧都市計画法の制定

　この頃になると、「市区改正」という名称も「都市計画」という西欧の呼称と同じにする気運となってきて、「条例」という勅令でなく「都市計画法」という法令を整えていこうということになっていくのである。このようにして旧都市計画法は大正 8 年 4 月 4 日に成立して公布される。旧都市計画法の要点は次の七つにまとめることができる。

① 　都市計画とは重要施設の計画である(施設計画論)
② 　都市計画法を適用すべき都市は市と主務大臣が指定する町村とする(法適用都市)
③ 　都市計画区域は主務大臣が指定する(都市計画区域)
④ 　都市計画と都市計画事業は主務大臣が都市計画調査会の議を経て決定する(国の事務)
⑤ 　都市計画を決定した区域では、建築制限をかける(計画制限)
⑥ 　都市計画事業を決定した区域では、建築制限をかける(事業制限)
⑦ 　都市計画事業には収用権を付与する(収用権)

　この七点についてはもう少し詳細に述べることとするが、要するに旧都市計画法(以下「旧法」という)は、都市計画は重要施設の計画であることと、都市計画は国の事務であることが大きな筋として構成されているといってよい。そして我が国の都市法制が完全に整ったことを意味し、以後 50 年にわたって都市計画の基本法として機能してきたのであり、昭和 43 年に新都市計画法が制定されても、その骨格部分は引き継がれてきているのである。そこで七つの点について述べることとしよう。

(1)　施設計画論

　旧法第 1 条は次のように規定した。

本法ニ於テ都市計画ト称スルハ交通、衛生、保安、経済等ニ関シ永久ニ公共安寧ヲ維持シ又ハ福利ヲ増進スル為ノ重要施設ノ計画ニシテ市[注1]**ノ区域内ニ於テ又ハ其ノ区域外ニ亘リ執行スベキモノヲ謂フ**　　(傍点　筆者)

注1)　昭和 8 年に「主務大臣の指定する町村」が追加された。

第一条のポイントは、「重要施設ノ計画」であることと「永久」の施設計画であることを明白にしていることである。

まず「重要施設ノ計画」についてであるが、具体的には次の三種のものが規定されている。

(a) 物的施設

道路、広場、河川、港湾、公園、緑地、鉄道、軌道、運河、水道、下水道、土地区画整理、運動場、一団地ノ住宅経営、市場、屠場、墓地、火葬場、塵埃焼却場、が旧法16条と旧令21条で規定されたのである。

旧法は都市計画を施設計画と明確に言いきっている点が重要である。施設とは物的なものであり、道路、河川、港湾、橋梁を本として市区改正をしてきたことの集大成であることを改めて宣言しているのである。そしてこの重要な施設は、第16条と旧令第11条の3に列挙した施設に収用権が付与されると規定されていることによって、具体的に重要施設が何であるかが明らかにされている。その定められた施設が「道路、広場…」とかなり広範囲の施設としているのである。

重要施設をいかにして決めるかについては議論があったようであるが、当時の政治行政の仕組みは中央集権が強く、地方の知事も官選であり、都市計画の事務も国の事務とした時代であったから、都市計画として重要と思われるものは「重要施設」とする考えを基本としていたようである。他方、地方自治という観点も考慮に入れて決められたと言われている。それでもかなり広範囲に重要施設の範囲を決めているといえよう。

このように広範囲に重要な都市施設を決めたにもかかわらず、実際にその後の旧法の歴史においては、道路、公園、下水道が大半を占めたのである。実際問題として、重要施設の計画を実現するには予算が必要である。しかしそのためには、都市計画を決めていることが条件ということが政府全体で決められていない以上、都市計画を担当する部局以外では都市計画法の手続きによる実質的理由が乏しいことが、旧法で定められている多くの重要施設が都市計画としてあまねく使われていなかった理由である。とはいうものの、都市において多数の人々が日常使う道路、公園、下水道といった公物は都市計画においては最も重要な施設であるから、これに集中して都市計画を進めていったことは、それなりの理屈があったといえよう。

(写真提供：UR 都市機構)

写真 2-1　学園東大通り（施設計画としての道路）

(b)　地域地区

　旧法では地域地区を初めて都市計画制度に取り入れた。大火の多かった我が国では市区改正時代にも、防火線を敷いて建築を規制するという制度が存在していたものの、建築物の用途を住宅とか商業とか工業によって制限していくという地域地区制を制度化したのは、旧法の大きな制度的前進であった。もっとも、このときは専用地区や高度地区といった制度は採り入れられていなかったのであるが、それでも建築物をコントロールして都市を造っていくという仕組みは当時としては画期的であり、旧法と併せて市街地建築物法も作られたのである。しかし物的施設計画が都市計画の本(もと)であるという基本的考え方から、地域地区制度も都市計画施設と疑制化して次のように規定したのである。

第十条

　都市計画区域内ニ市街地建築物法[注2]ニ依ル地域又ハ地区ノ指定、変更又ハ廃止ヲ為ストキハ都市計画ノ施設トシテ之ヲ為スベシ　（傍点　筆者）

　また施設計画として制度化された都市計画は、永久の施設計画であることを理論的前提としたのである。第1条の目的に、「永久ニ公共ノ安寧ヲ維持シ又ハ福利ヲ増進スル為ノ重要施設ノ計画」と規定しているのは、そのことを明確

注2)　市街地建築物法は、昭和25年建築基準法になった。

に規定しているように、都市計画は万古不変のものとして永久にわたって使用できるようにしっかりしたものを造っていくべき、という思想を表現したのである。

　もっとも、現実の都市計画は一度作ったものを変更することはよく出てくるのであるし、また地域・地区については変更・廃止があることを条文でも規定しているように、一度作ったものが永久に変更・廃止がないわけではないが、特に施設に関してはいやしくも朝令暮改のように変更されることのないよう、十分な調査と将来の予見も十分考慮に入れて計画を立てるべきことを計画策定者への規範を示していると考えてよいだろう。いかに当時の立案者は都市計画を極めて理想の高いものと考えていたかを考えさせられる。

　(c)　面開発

　旧法では都市計画を施設計画として規定したのであるが、その考え方で整理しにくいものを取り組んだ。それが土地区画整理である。我が国では整然とした街並みを造る土地区画整理の果たした役割は極めて大きいことから、旧法第12条で、

　都市計画区域内ニ於ケル土地ニ付テハ其ノ宅地トシテノ利用ヲ増進スル為土地区画整理ヲ施行スルコトヲ得

という規定を置き都市計画法体系の中に位置づけたのである。

　しかし土地区画整理はいわゆる「施設」ではない。また、道路や公園などの施設、地域地区などは都市計画として決められると、長く都市計画として法的拘束力が残されていく。土地区画整理は、事業が終わると都市計画としての法的効力は必要がなくなるのである。

　旧法制定時、土地区画整理は法体系の中に組み込まれたものの、都市計画の手続きは取らないで事業が行われていた。関東大震災の復興は、特別都市計画法を制定して、土地区画整理により実施され、昭和15年には都市計画法を改正して第11条ノ2を追加した。

　都市計画トシテ内閣ノ認可ヲ受ケタル土地区画整理ノ区域内ニ於ケル建築物ニ関スル制限ニシテ都市計画上必要ナルモノハ勅令ヲ以テ之ヲ定ム

と都市計画制限の規定を新設したのである。

　戦後になって、経済の発展に伴い大都市圏を中心に工業団地の需要が高まり、さらに人口急増に対応するため大規模なニュータウンを造る必要から、首都圏の近郊整備地帯、都市開発区域、近畿圏の近郊整備区域、都市開発区域における工業団地造成事業、新住宅市街地開発事業などの市街地開発事業が新たに作

られていった。道路とか公園などは、線的または点的であるが、土地区画整理、工業団地造成事業、新住宅市街地開発事業は面的広がりがあることから、通称「面開発」と称されているのである。

旧法は昭和44(1969)年までの50年間施行されてきた。その間、我が国の歴史は大きく変化し、産業、経済、戦時の経験、人口の増加、都市への人口集中という流れの中で都市計画法も幾度となく改正されてきたのであるが、施設計画論としての仕組みを変えることなく、社会の変化に対応してきたのであった。

(2) 法適用都市

旧法第2条は、

前条ニ規定スル市ハ勅令ヲ以テ之ヲ指定ス

と定められた。

第1条は制定当初、都市計画は市の区域の内外と規定して町村を除外しているのであるが、第2条では市もすべての市を対象とするのでなく、都市計画を決めるのは勅令で指定したものに限定することを規定している。

東京市区改正条例が明治21年に公布されてから大正6年まで30年間にわたって東京市だけしか対象とせず、旧法施行の直前に五大市まで準用したように、政府の考え方は都市計画は全国を画一的にするのでなく、順次拡大して法適用をしていく方針をとったといえる。したがって、旧法を適用する都市のことを法適用都市と称して、都市計画をするに適した条件となった都市を指定していき、昭和8年には町村も法適用の対象となっていったのである。いずれにしても、都市計画を決定するか否かは国が決めるという仕組みだったといえる。

(3) 都市計画区域制度

旧法第2条の後段で、

市ノ都市計画区域ハ関係市町村及都市計画委員会ノ意見ヲ聞キ主務大臣之ヲ決定シ内閣ノ許可ヲ受クヘシ

と規定する。

都市計画法を適用するか否かも国が決め、さらにその都市のどの土地の区域に都市計画の施設計画を決めるかも国が関与するというのだから手が込んでいると言わざるを得ない。この点に関する理論的な説明は必ずしも十分に明らかにされているわけではないのだが、道路などの都市計画が決められると後述する計画制限、事業制限によって一定の建築等ができなくなり、最終的には土地

収用の対象となり、また地域地区が指定されると建築物の用途に制限がかけられ、そうした私権制限が広範囲にわたってかけられることから、法適用された都市の区域のどの範囲の土地の区域に都市計画の制限をかけるかという観点から都市計画区域を主務大臣の決定とし、内閣の認可を要することとしたのである。講学上こうした都市計画の制限のことを「計画高権」と称していて、土地利用計画に必然的に伴う権限と解されている。

この計画高権の考え方は、むしろ西欧都市計画の土地利用規制にその理論的根拠を求めるべきものであろう。西欧の都市計画の基本理念は、権力をもって個々の土地利用を強く規制することに存しているのであって、ハワードの田園都市論も都市と田園の調和という言葉の柔らかさの根本には、私的利用を厳格に規制することが前提として書かれていることを見逃してはならないのである。

そういった観点から見ると、国が法適用都市という考え方で都市を選別し、さらにその都市の中での都市計画を実施する土地の区域を都市計画区域として国が関与するという複雑な仕組みも、西欧都市計画の思想を我が国なりに採り入れた策として見ることも可能かもしれない。

(4) 都市計画・都市計画事業

旧法第3条は、

> 都市計画、都市計画事業及毎年度執行スヘキ都市計画事業ハ都市計画委員会ノ議ヲ経テ主務大臣之ヲ決定シ内閣ノ認可ヲ受クヘシ

と規定する。

都市計画および都市計画事業は、ここにおいて国の事務とされたのである。当時は現在の憲法下と違って帝国憲法下の中央集権国家であるから、重要施設計画である都市計画が国の事務とされることはごく自然なものと考えられていたといえる。しかも地方官制も内務省の支配下に置かれているといってよく、都道府県の知事である地方長官は国の役人が任命されていたのである。ただし、地方公共団体にも独自の業務があり、職員も多数採用されていたのであるから、行政法体系の中で、地方公共団体が実質上業務を執行しているものの中で国の事務を国の機関として行う機関委任事務、それ以外に法令により地方公共団体に任されている団体委任事務およびそれ以外の固有事務と分類されている。都市計画の事務は、その中の機関委任事務とされているのである。

(写真提供：UR都市機構)

写真2-2　松見公園（施設計画としての公園）

　都市計画事業については、第5条と第6条で、
第五条
　都市計画事業ハ勅令ノ定ムル所ニ依リ行政官庁コレヲ執行ス
　主務大臣特別ノ必要アリト認ムルトキハ勅令ノ定ムル所ニ依リ行政庁ニ非サル者ヲシテ其ノ出願ニ依リ都市計画ノ一部ヲ執行セシムルコトヲ得
第六条
　都市計画事業ノ執行ニ要スル費用ハ行政官庁之ヲ執行スル場合ニ在リテ国、公共団体ヲ統轄スル行政庁之ヲ執行スル場合ニ在リテハ其ノ公共団体、行政庁ニ非ザル者之ヲ執行スル場合ニ在リテハ其ノ者ノ負担トス

と規定。国が直接執行する場合を行政官庁施行と称し、公共団体が執行する場合を行政庁施行と称することとされた。このことは後に述べるが、戦後昭和29年に土地区画整理法が制定されたが、その事業主体に個人、組合、公共団体、行政庁の4種類が規定されていて、この考え方は新都市計画法が制定されるまでの旧法の時代の一つの特徴ある制度だったのである。

　さらに都市計画事業については、前出の第2条の規定で毎年度執行すべき都市計画事業を主務大臣が決定し内閣の認可を受けるべきと規定しているが、これは時間の概念を導入した点に注目すべきである。それは東京の市区改正が財

政難によって 30 年かかって、しかも当初計画を大幅に縮小せざるを得なかった経験から、事業の執行に時間の概念を入れる必要があると判断されたためであると考えられる。

この執行年度割制度という時間の概念は、昭和 43 年の新都市計画法の制定の時も引き継がれ、新都市計画法第 60 条で都市計画事業を施行しようとする者が建設大臣または都道府県知事の許可または承認を受けようとする際、事業計画を提出しなければならないとされているが、その事業計画の中に事業地、設計の概要に加えて事業施行期間を含めることとされたのである。事業が長期化されることによって事業地の権利者の法的安定化を阻害することがないよう、事業施行期間が適切なものであるかも許可または承認の対象として法的安定を図ろうとした制度設計は、大正 8 年の旧法によって誕生したのである。

(5) 都市計画委員会

旧法第 2 条および第 3 条は前出のとおり、都市計画区域、都市計画、都市計画事業および毎年度執行すべき都市計画事業は都市計画委員会の議を経るべきことを定めている。この制度は、我が国都市計画制度独自のものであるということができる。都市計画の事務は国の事務として構成するが、その実務の遂行にあたっては各般の意見を採り入れるため、都市計画委員会を作り、そこでの議を経なければならないこととしたものである。その源流は明治初年明治天皇が明治政府の基本方針とするとした五ヶ条の御誓文の 1 条にある、

広ク会議ヲ興シ万機公論ニ決スベシ

にあるといえよう。

東京市区改正条例においても、市区改正委員会制度が設けられ関係各省の職員、東京府会議員、商工会議所会員等を委員として市区改正の審議をしていた先例が旧法でも継続して採り入れられたのである。

旧法に基づいて都市計画委員会制が制定され、以下のように中央委員会と地方委員会が創設された。

都市計画中央委員会
 会長 内務大臣
 委員 関係各庁高等官 十六人以内
    学識経験者   十二人以内
都市計画地方委員会
 会長 地方長官

委員　市長
　　　関係各庁高等官　　　十人以内
　　　市議会員　　　　　　議員定数の六分の一以内
　　　府県会議員　　　　　三人以内
　　　市吏員　　　　　　　三人以内
　　　学識経験者　　　　　十人以内
　　　　　　　　　（東京市では警視総監および府知事を含む）

　この"万機公論"委員会制度は、我が国都市計画制度の基本枠組みとして現行の新都市計画法に引き継がれていくことになる。

(6)　都市計画制限

　旧法は「施設都市計画」という事業を中心とした法体系としたのであるが、土地利用規制の仕組みも採り入れている。これを広義の都市計画制限と称するのであるが、旧法の当初は物的施設計画のいわゆる狭義の計画制限と地域地区の制限で、旧法と同時に制定された市街地建築物法によって具体の建築規制が制度化された。都市計画施設としての地域地区の都市計画制限、すなわち市街地建築物法による建築規制は別項に譲るとして、道路、広場等の旧法第16条第1項および旧令第21条の物的施設が都市計画として定められた際の都市計画制限について、ここでは述べてみよう。

　旧法第11条は、

> 第十六条第一項ノ土地ノ境域内又ハ前条第二項ノ規定ニ依リ指定スル地区内ニ於ケル建築物、土地ニ関スル工事又ハ権利ニ関スル制限ニシテ都市計画上必要ナルモノハ勅令ヲ以テ之ヲ定ム

と規定し、勅令として定められた都市計画法施行令第11条で、

> 都市計画法第十六条第一項ノ土地ノ境域内ニ於テ工作物ヲ新築改築増築若ハ除去、土地ノ形質ヲ変更シ又ハ地方長官ノ指定シタル竹木土石ノ類ヲ採取セムトスル者ハ地方長官ノ許可ヲ受クヘシ但シ命令ヲ以テ許可ヲ要セスト規定シタルトキハ此ノ限ニ在ラス

と規定したのである。

　この狭義の計画制限は、我が国の都市計画制度の特色のあるものの一つである。すなわち、都市計画は永久の施設計画であると定めたことからいえば、道路などの物的施設の都市計画は極めて長い期間(旧法では永久)将来にわたって利用できる広い道路で、しかも都市全体の発展過程を見越したネットワークを

広範囲に定める必要があることとなる。そうであればあるほど、実際にそれが出来上がるまでには時間がかかることになる。その間、都市計画として決められた道路に建物や工作物等が新しく建つことはもちろん、現在ある建物等の増改築を無制限に認めれば、計画の障害となりひいては計画が実現できないこととなるからである。

　このことは、市区改正での当初計画が思いどおりに作り切れなかった苦い経験に基づく知恵というもの、ということができる。近代国家としてふさわしい都市を造るための道路などの施設計画は気宇壮大でありたい。しかし、それを実現するためには財源のほかに時間が必要だという時間の概念が狭義の計画制限には込められているのである。この計画制限の仕組みは、以後の我が国の都市計画法制の中で引き継がれているのである。

(7)　収用権
　施設計画、特に物的施設計画は都市計画事業として認可を受け実現していくものであるから、土地の取得をする必要がある。しかし任意に土地が取得できない場合は、強制的に土地を取得する仕組みが必要となってくる。それが公用収用と言われる土地収用権である。

　土地収用には土地収用法が存在しているのであるが、都市計画法体系でも収用関係の規定を数条置いている。その要点は、都市計画事業の認可をもって土地収用法による事業認定があったものと見なして手続きを進めることができることとしたのである。手続きの簡略化を可能にすることによって都市計画の早期実現に寄与するということであり、この仕組みも現在の都市計画制度に引き継がれている。

　このように見てくると旧法は、市区改正条例と異なり我が国都市計画制度の枠組みの重要な部分を形作ったということができるのである。

［参考文献］
1)　（非売品）「池田宏都市論集」、池田宏遺稿集刊行会、昭和15年4月17日
2)　石田頼房「日本近代都市計画史研究」、柏書房、1987年
3)　「近代都市計画制度90年記念論集」、都市計画協会
4)　堀江　興「岩倉使節団視察・実記についての検証 ―明治東京の「市區改正計画」を例として―」
5)　堀江　興「東京の市区改正条例(明治時代)を中心とした幹線道路形成の史的研究」、土木学会論文報告集第327号、1982年11月

6) 「銀座煉瓦街の建設 ―市区改正の端緒―」、都史紀要、東京都、1955 年
7) 「新都市」第 43 巻 1963 年 11 月号、都市計画協会
8) 石田頼房「鴎外の市区改正論 ―市区改正論略を中心に―」総合都市研究通巻 43 号、1991 年 9 月
9) 東京市区改正条例註釈 伊藤虎太註釈「東京市区改正条例」、須藤活版所、明治 21 年
10) 藤森照信「明治の都市計画」、岩波書店、1982 年
11) 久保田誠三「都市計画行政」、建設広報協議会、昭和 41 年 5 月

第3章　区画整理手法論
（災害復興、震災復興、戦災復興）

3.1　はじめに

　本章では、三つ目の柱である区画整理手法論について述べていくことにしよう。

　日本の近代都市計画の中で、換地処分という方式による土地区画整理手法の果たしてきた役割は極めて大きい。我が国の近代都市計画制度は明治の西欧近代化によって発展してきたのであるが、その実現にあたって、日本がほぼ独自で編み出した区画整理手法によってきたといっても過言ではない。特に面的な市街地の造成には、これに頼るしかなかったともいえる。狭く曲がりくねった街を整形にして馬車や自動車といった交通の利便に供し、防火の観点からは延焼防火帯とし、衛生の観点からは下水の排水路を側溝に備えるといった道路の拡幅を、街と一体となって作り上げていく手法として優れているといえるからである。筑波研究学園都市の建設にあたっても、2,700haの研究学園地区の4割の1,100haは区画整理の手法で造られてきたのである。

　近代都市計画は碁盤目状の都市設計が基本である。我が国で碁盤目状の都市が造営されたのは、1400年を遡る飛鳥時代の藤原宮である。西暦6世紀の538年または552年に百済から仏教が渡来する。この仏教を受け入れた時代、推古天皇は豪族の蘇我氏と最初の仏教寺院飛鳥寺を建立し、飛鳥大仏を鋳造して仏教国家による治政を敷いていくが、同時に当時中国を統一した隋に小野妹子等の留学生を遣隋使として派遣、隋が倒れたあとの唐にも遣唐使を送って中国の文明、諸制度を取り入れていくのである。その一つとして、唐都長安の街にならった藤原宮を持統天皇の時に造営する。現在この藤原宮は跡地しか残されていないが、この都市計画は平城京、平安京の都市計画に引き継がれていくのである。このことは中国の都市計画関係の図書にも記述されている。

　しかしながらこの平城京、平安京の都市計画は、その後、武家政治に取って代わられてからは城郭造りには力を注いだものの、碁盤目を念頭に置いた街づくりは姿を消してしまうのである。したがって明治になって文明開化、西欧化

を目指す明治政府にとって、近代都市計画づくりを実施していくには極めて困難なものであったといえる。

前章でも述べたように、鎖国が解かれ外国との通商が始まり、諸外国の首都を見聞した政府要人は、外国人が頻繁に訪れる首都東京が車馬の通行も困難な狭くて曲がりくねり、雨が降ればぬかるむ道路といった状態を、市区改正により西欧の首都並みにしようと明治20年代から大正6年まで30年かけてやってきたのである。

大正8年に都市計画法が制定され、本格的に我が国でも都市計画制度ができたのであるが、実質的には道路、公園等の施設計画を中心とするものであったことも既に述べた。その一方では市街地建築物法を同時に制定し、さらに都市計画法の中でも土地区画整理制度が採り入れられたのである。満足な道路もないところに住宅が密集しているのが一般町民の住んでいる土地であったから、そこを近代都市にするためには土地を整形し、土地の権利関係も併せて整理する必要があり、土地区画整理の手法が生まれてくる必然性も存在していたといえる。

写真 3-1　1970年代の都心の区画整理地区(写真提供：つくば市)

3.2　田区改正 ──土地区画整理の源流

　土地区画整理事業は、大正8年に制定された旧都市計画法で規定された制度である。そしてそれは、明治35（1902）年ドイツのフランクフルト市で導入されたアディケス法に範をとったとされてきている。しかし土地区画整理事業は明治の農地の改良、すなわち耕地整理にその源を求めるのが正しいようだ。

　明治時代の都市計画すなわち市区改正は、道路、公園等を中心とした施設計画の都市計画を東京に限って実施していたのであるが、農地については農業の近代化に合わせた農地改良が地方都市で試みられていたのである。その一つが静岡方式の「畦畔改良」と、もう一つが石川方式の「田区改正」である。「畦畔改良」は明治6年に始められ、区画を整形化して田植えの作業を効率化し、畦畔をなくして水田面積を増やしたのであり、これが耕地整理の原点となっているといえる。もっとも比較的区画面積は小規模であったようで、道路や水路もすべての区画に接してはいなかったようだ。

　これとは別に、明治20年に始まった石川県の「田区改正」は、従来の人力による耕作でなく牛馬を使って機械で耕作することを前提にして、作業の効率化からも水田の区画も大きくして資材運搬のために道路も広げ直線化し、各区画に用排水路をつけるという方式がとられた。こうした「畦畔改良」や「田区改正」が普及していくにつれ、仕組みの合理化が必要とされるようになる。すなわち、耕作者の土地があちこちに分散しているのをまとめると従前地の土質や形状、水利慣行等の条件が変わってくるので所有者間に利害が対立する場合が生じ、工事をすることに同意が取れないことが起こってくるのである。したがって、合意形成の制度を作ることが必要となってくる。

3.3　耕地整理法

　「畦畔改良」（または「区画改良」）と「田区改正」を統合し、権利や水利慣行の利害を調整する手法を採り入れて制度化されたのが、明治32年の耕地整理法である。

　耕地整理法は全文71条に及び、明治42年に全文改正が行われ、全文98条の大法典となった。要旨は次のとおりである。
　① 耕地整理とは、土地の交換分合、区画形状の変更、道路、畦畔または溝渠の変更により耕地の利用増進を目的とする事業であること

② 耕地整理は土地所有者が共同して施行するものであり、一人でも施行できること
③ 所有者総数の2/3以上かつ総地積および総賃貸価格の各2/3以上の所有者の同意を総会で得ること
④ 事業実施にあたっては、設計書または規約を作って地方長官の認可を受けること
⑤ 市の区域内の土地は原則として耕地整理地区に編入できないこと
⑥ 換地は従前地の地目、地積、等位等を標準として交付すること。ただし、この標準により難いときは金銭で清算すること

耕地整理法は後の土地区画整理法の骨組みと同じであり、土地区画整理事業の仕組み自体もこの時点で決まったといえるのである。この耕地整理法は明治42年に全文96条とする大きな改正があり、

1. 耕地の利用増進という表現を土地の農業上の利用増進に改め、
2. 土地の共同利用を総会で決めていくという仕組みを耕地区画整理組合という法人格を持たせることとし、
3. 組合設立の所有者の同意要件2/3以上を1/2以上に緩和し、

耕地整理登記令を制定して、換地の交付後一括して登記をできるようにして耕地整理の促進を図るようにしたのである。

ところで、初めて耕地整理法が制定された明治32年の2年前の明治30年に「土地区画改良ニ係ル件」という法律が制定されている。この法律は「耕地整理」という文言でなく「土地区画改良」という文言になっていること、さらに耕地整理法が制定された後も廃止されていないことからして、耕地整理ばかりでなく都市的土地利用としての土地区画整理も実施されたとされているが、具体的な事業箇所がどこでされたかについての資料は明確には残されていない。しかも、この法律は明治33年「土地区画改良ニ係ル地価ノ件」と改称された後、明治42年の耕地整理法の改正と同時に廃止されたため、都市的土地区画整理はその法的根拠を失ってしまったのである。

日清・日露戦争によって産業が発達し、都市へ人口が集中するにつれ、都市住民としての住宅地の需要が高まってくると、区画整理の必要も高まってきたとはいえ、"道路、河川、橋梁ハ本ナリ"という市区改正に全力を注いでいた政府としては、区画整理に踏み込んでいく余裕はなかったのが実情であったと考えられる。

3.4　区画整理の登場 ——都市計画法

　政府としては帝都東京の市区改正にかかり切りであったが、地方都市では耕地整理の手法を都市にも活用して市街地を整備していこうとする動きが高まってきて、大正 2 年に全国の都市は政府に建議書を出して「市街地宅地整備法」の立法を求めるようにまでなっていた。大正 12 年 9 月東京市長から内務大臣になった後藤新平は、大正 7 年に内務省に都市計画調査会を設置し、その年の 5 月に官房に都市計画課が設けられ、初代課長に港湾課長で都市計画法について勉強していた池田宏が充てられ、大正 8 年に都市計画法が制定されるに至る。

　市区改正の時代から本格的な都市計画時代の幕開けである。都市計画法では土地区画整理について次の条文を設けた。

第十二条
　都市計画区域内ニ於ケル土地ニ付テハ其ノ宅地トシテノ利用ヲ増進スル為土地区画整理ヲ施行スルコトヲ得前項ノ土地区画整理ニ関シテハ本法ニ別段ノ定アル場合ヲ除ク外耕地整理法ヲ準用ス

第十三条
　都市計画トシテ内閣ノ認可ヲ受ケタル土地区画整理ハ認可後一年内ニ其ノ施行ニ着手スル者ナキ場合ニ於テハ公共団体ヲシテ都市計画事業トシテ之ヲ施行セシム前項ノ規定ニ依リ公共団体ノ施行スル土地区画整理ニ付耕地整理法ヲ準用シ難キ事項ニ関シテハ勅令ヲ以テ必要ナル規定ヲ設クルコトヲ得

第十四条
　地方長官土地区画整理ノ設計ニ関スル認可ヲ為ス場合ニ於テハ主務大臣ノ認可ヲ受クベシ

第十五条
　土地区画整理ヲ施行シタル土地ノ地価ハ勅令ノ定ムル所ニ依リ之ヲ定ム

第十六条
　道路、広場、河川、港湾、公園其ノ他勅令ヲ以テ指定スル施設ニ関スル都市計画事業ニシテ内閣ノ認可ヲ受ケタルモノニ必要ナルモノハ勅令ノ定ムル所ニ依リ之ヲ収用又ハ使用スルコトヲ得

　都市計画法第 16 条に基づく勅令の都市計画法施行令では、法第 13 条および第 15 条に基づく手続規定を定めているほか、法第 16 条の収用または使用し得る施設として土地区画整理を次のように規定している。

都市計画法施行令　第二十一条
　鉄道、軌道、運河、水道、下水道、土地区画整理、運動場、一団地ノ住宅経営、市場、屠場、墓地、火葬場及塵埃焼却場ハ都市計画法第十六条第一項ノ規定ニ依リ之ヲ指定ス

　都市計画法第 12 条の規定によって土地区画整理は都市計画法に位置づけられたとはいえ、都市計画法体系の中では特異な位置づけをされたのである。

(1)　施設計画としての位置づけ

　都市計画法は、都市計画は「重要施設の計画」であるとしているから、道路、公園などの施設は当然として、建築規制による地域地区も都市計画の施設として決定するとされているが、土地区画整理は、法にいう施設計画といえるのかという素朴な疑問が生ずる。現に第 12 条では、地域地区のように「都市計画の施設として」という文言は書かれていない。しかし第 13 条では都市計画として内閣の認可を受けられ、また都市計画事業として施行することができる旨を規定しているので、都市計画法上の都市計画すなわち「重要施設の計画」として位置づけをしたのである。

(2)　第三のカテゴリー（事業都市計画）

　したがって、都市計画法は都市計画は「重要施設の計画」という旗印の下に、以下三つの都市計画カテゴリーがあることを規定したのである。
　①　物的施設
　②　地域地区
　③　土地区画整理
①の物的施設は、市区改正以来やってきた道路を中心とする都市の骨組みをなし、事業によってその目的を完成していくもので、必要によっては収用権を使って事業を実施するものであり、②の地域地区は、市街地建築物法によって建築規制を行って土地利用を秩序ならしめるものであり、③土地区画整理は、秩序ある街並みを換地手法によって実施しようとするものである。
　①と③は事業を実施するものであるが、①はその施設が都市計画事業として完成はしても都市計画としては永続していくものであり、③の事業は事業が完了すると都市計画としての効果はそこで終了するといった相異がある。
　この事業都市計画の制度は、我が国都市計画制度の固有のものといってよい。すなわち面的事業を都市計画制度に採り入れたからである。第 2 次大戦後の急

激な産業の発展、都市化の進展に伴い、工業団地やニュータウンの必要が高まるにつれ、こうした面的開発の都市計画事業の立法に関する新たな法案が相次いで成立するのであるが、こうした面的開発事業の制度を大正8年に築いたことは都市計画史上特筆されてよいといえる。筑波研究学園都市計画も、この事業都市計画の土地区画整理事業、新住宅市街地開発事業、工業団地造成事業の都市計画と都市計画事業の組合せによって造られてきたことを忘れてはならないのである。

(3) 他人の衣 ——耕地整理法の準用

　土地区画整理を都市計画法に組み入れることになった背景には、大正6年に東京市区改正が概成したことを受け、都市計画の気運が高まってきていた京都、大阪等の五大市にも東京市区改正条例を大正7年に準用することとし、これらの都市の要望を受けざるを得なかったことがあると考えてよい。

　政府としては、東京の道路を造るという市区改正に30年間力を注いできただけに、区画整理については本格的に取り組んでいなかったといえる。したがって区画整理を都市計画区域内で施行することができることとしたものの、事業の進め方については耕地整理法をほぼ全面的に準用することとしたのである。耕地整理は「土地の農業上の利用を増進」することを目的とし、土地区画整理は「宅地の利用増進」を目的とするものであるから、農村の農地と都市の宅地は土地の形状、形質、面積、利用の仕方等に相異があるので、厳密にいえば、きちんとその差を比べて新しい制度的手当をすべきであろうが、他人の衣を着せる方式をとったのである。したがって都市の宅地の問題として出てくる過少宅地の問題、建築物の移転の問題等で規定が準用だけで十分といえなかったばかりでなく、本体の衣につける服飾品、すなわち補助金、融資などの点で耕地整理の仕組みに劣ったままの出発となったといえる。

(4) 池田宏と後藤新平

　都市計画法の中に事業都市計画の土地区画整理を組み入れたことは都市計画史上画期的なことであったといえるが、その都市計画立法に深く関わった池田宏と後藤新平のことを述べておこう。

　池田宏は、その著「都市計画法の由来と都市計画」において、都市計画と都市計画法についてかなり長文かつ理想論的都市論を論じているが、我が国の都市計画法は外国の立法例の翻訳ではなく、30年にわたって東京市区改正条例を

時代の変遷に応じて改正、修正を積み重ねてきたものであることをまず強調する。いわゆる帝都の市区改正の施設計画論である。そして都市計画は都市を健全に発達させる総合計画に基づいて実施すべきものであるとして、近時はまだ総合的規律がない状態で区画整理が進んでいるのは、一方で慶すべきに似たりとするが、都市計画の一施設と言い得るか疑問であるとしているのである。土地区画整理は、地主等の権利者が地積と時価の差額を私有し、利益のために強制力を与えているのをおそれると書いている。

　後藤新平は、関東大震災直後、帝都復興案を政府に提出するが、その中の一つに罹災地の土地は政府がすべてを買い上げるというのが入っていた。これは結局採用されず区画整理方式になるのだが、復興土地区画整理に反対とか延期という声が出てきた頃、大正13年4月に行われた講演会では、罹災地域の土地を買収するという案が採用されなかったことは残念だが、もはや死んだ児の年を数えることなので、今は区画整理は世界中どこでも疑わないもの。どうしてもやらねばならぬ、と熱弁を奮ったのである。

　このように、池田宏は土地区画整理を都市計画法体系に組み入れることを疑問視し、後藤新平は、もともとは震災復興は土地区画整理でなく全面買収を提案していたのである。しかし都市計画法に組み込まれた土地区画整理は極めて使いにくいものであった。しかも都市計画法に基づく土地区画整理と耕地整理法に基づく耕地整理は併存していたため、補助、融資の手厚い耕地整理によって宅地化が行われることが多い有様となっていったのである。もっとも昭和6年には耕地整理法が改正され、耕地整理は都市計画区域内において施行することができないこととなったので、併存は大正8年から昭和6年までであった。その間の東京の区画整理と耕地整理の実績を示したのが**表3-1**である。

　この表で見る限り、東京では面積で約80％を、件数では3/4を耕地整理が占めていることがわかる。耕地整理の名目で宅地化が進んでいったことが明らかに読み取れる。また一人施行の中には、「第1章　田園都市論」で紹介した、東急の田園都市会社が実施した洗足地区などの耕地整理が4件入っている。いずれにしても、昭和29年に土地区画整理法が制定されるまでの間の旧都市計画法に基づく土地区画整理は、特別都市計画法に基づく震災復興、戦災復興を除いては民間によって実施されていたのである。

表 3-1　東京の区画整理と耕地整理の実績

(昭和 7 年 10 月 1 日現在)

	面積(坪)	件　　数			
		一人施行	共同施行	組合施行	計
耕地整理	26,396,482 (78.9%)	9	15	136	160 (73.4%)
土地区画整理	7,048,115 (21.1%)	3	4	50	57 (35.6%)

(岩見良太郎「土地区画整理の研究」より[注1])

(5)　都市計画施設としての区画整理

ところで、都市計画法では第 12 条で耕地整理法を準用する土地区画整理を定めているほか、第 16 条で都市計画施設として道路、広場、河川、港湾、公園のほかに、施行令第 21 条で土地区画整理を指定し、都市計画事業として内閣の認可を受けたものに収用権を付与している。すなわち、換地方式によるものと収用方式によるものと併存させているのである。しかし、収用方式の区画整理についてはほとんど実例がないといってよい。

3.5　震災復興 ──特別都市計画法

都市計画法は大正 9 年 1 月 1 日に施行される。関東大震災が起きたのはそれから 3 年後の大正 12 年 9 月 1 日である。帝都東京市の半分が焼失するという大災害であった。しかしこの時の復興にあたって大きな役割を果たしたのが、区画整理であった。広大な被災地の復興は幹線道路などの線的復興ではなく、区画整理のような面的復興をしなければならないからである。この時の政府の復興対策の速さには特筆すべきものがあった。9 月 2 日には東京に戒厳令が布かれ、内務大臣後藤新平は閣議に、

　一　帝都復興に要する経費は原則として国費で支弁し、その財源は長期の国債とする
　二　被災地の土地区画整理は公債を発行して買収し、土地整理の後売却する
　三　帝都復興調査会を設置し、復興に関する特設官庁を設置する

という議を提出したのである。

注1)　原典は、東京都都市計画課編「都市計画道路と土地区画整理」(昭和 8 年 7 月)とされている。

こうした政府の迅速さの背景には皇室の意向も強く働いていた。摂政宮（後の昭和天皇）は9月3日夕刻、急遽内閣を組織した山本権兵衛総理大臣を赤坂離宮にお召しになり、官民協力して応急の措置をなし、遺憾なきを期せよ、との御沙汰を下されたのである。さらに帝都の半分が焼失する極度の惨状から流言飛語が盛んに行われ民心が動揺し、遷都論さえ行われる状態となっていたことから、9月12日に詔（みことのり）を出された。その内容は、遷都を排し帝都を復興すること、復興は将来の発展を図って興国の基礎を固めること、特殊の機関を設立して帝都復興の審議調査をし遺憾なきを期すべしというものであった。
　9月19日には帝都復興審議会、9月27日には帝都復興院が設置され、特別都市計画法が12月24日に成立するのである。
　今でも後藤新平は関東大震災の復興と共に我が国の歴史に名を残しているのであるが、後藤の提案は気宇壮大であったがゆえに反対されることも多く、紆余曲折が多かった。震災前、東京市長時代に提案した東京市改造計画（当時のお金で8億円という膨大な金額の計画）を大風呂敷と言われてお蔵入りしていた計画を、さらに被災地全域の土地を全面買収して行う40億円という壮大な帝都復興計画を提案する。しかしこの時も議会を中心に反対され復興計画の規模は6億円まで縮小され、かつ、当初提案した全面買収方式は反対され、区画整理方式にされ、帝都復興院も復興局、復興事務局と格下げにされてしまうのだが、帝都復興計画は縮小されたものの成果をかなり上げることができたといってよいだろう。
　特別都市計画法も「帝都復興計画法案」として国会へ上程されたのであるが、法案の内容がもっぱら土地区画整理の規定に割かれていて、帝都復興の基本的事項が明らかにされていないこと等の議論も出て、都市計画法に関する区画整理に関する特別規定であることから、法案名が「特別都市計画法」と変更されてしまうのであった。

3.6　農地整理から宅地整理へ、組合施行から公的施行へ

　しかし、特別都市計画法は、その後の土地区画整理制度の画期的な転換点となった。
- 第一に、農地を宅地化するという耕地整理法という仮面をかぶった区画整理から、既に都市化した宅地の区画整理をし良好で理想的な市街地を造るという都市計画本来の観点からの区画整理となっていったこと、

・第二に、そのために農地の整理では考慮しなくてよいような、建物の建っている宅地を換地していくのに必要な建物の移転の仕方や、その工事のための補償、極めて小さい土地の換地の仕方について必要な規定を作らなければならなかったこと。
・第三に、耕地整理では必要とされない道路や公園は都市全体の交通体系や市民の憩と運動の場という公共目的をもった施設を造ることから組合施行という民間地主に任せることができない事業であること。

が挙げられる。

こうしたことから、特別都市計画法による震災復興土地区画整理事業は依然として耕地整理法を準用することとしているものの、耕地整理法からみて特別法の法形式をとって耕地整理法によらない条文を規定して都市内の宅地の区画整理が行えるように、次のような仕組みを条文化したのである。

① 震災復興土地区画整理事業は都市計画事業として行政庁または公共団体が行う。また、土地所有者または組合も施行し得る。
② 国有地、官有地、公共団体有地等は耕地整理法では所有者の認許または同意がないと地区に編入できないとされているが、建物のある宅地は施行地区に編入することができる。
③ 換地予定制度を設け、使用収益得権の付与、建物の移転、占有者の立退き、およびこれに伴う補償の仕組みを作った。
④ 減歩が1割を超えるときは補償する。
⑤ 土地所有者および借地権者の代表で組織する土地区画整理委員会制度を作って換地計画等重要事項について意見を聞かなければならない。

この震災復興土地区画整理事業を規定した特別都市計画法こそは、我が国都市計画の発展への大きな転換点をなしたのである。

すなわち第一に、部分的な宅地供給である耕地整理という名目の区画整理から都市計画全体の計画の位置づけの下に実施されたのである。東京市の43%が焼失したのであるから、その復興計画は自ら全市的、総合的見地からなさざるを得なかったことも背中を押してもらったともいえる。

第二に、第一と関連するのであるが、従来の区画整理が耕地整理という名目で実施されてきたように、農地という非市街地、すなわち郊外地で実施されてきたのであるが、特別都市計画法は既成市街地で実施することを前提としたのである。したがって既成市街地で実施するにあたって必要となる条文が盛り込まれ、以後の既成市街地での区画整理の基本形を組み立てたのである。

第三に、それまでの市区改正が道路を中心とした都市計画であったが、区画整理によって道路も造れる、宅地の整備もできるわけであるから、本格的な都市の改造ができることとなったのである。

第四に、本格的な都市改造は都市計画という公の目標を実施するわけであるから、民間の事業というより国や地方公共団体が積極的に行う事業といえる。当時、都市計画は国の事務とされていたから、都市計画事業も国の機関としての都道府県や市町村という行政庁が施行することとされることが当然となってくるのである。

写真 3-2　昭和通り

この帝都復興事業は後藤新平の失脚後、東京市長の永田秀治、中村是公によって進められ、昭和 5(1930)年に完成を見た。そしてその年の 4 月復興局は廃止され、復興事務局に事務は引き継がれたが、その復興事務局も昭和 7 年 4 月に廃止されたのであった。そして特別都市計画法が廃止されたのは、昭和 16 年になってからであった。

帝都復興事業は、当時の我が国としては驚くべき仕事をしたといってよいだろう。施行区域の面積は 3,000ha に及び、当初計画はかなり縮小されたとはいうものの、

① 幅員 22m 以上の幹線道路は 52 本、延長 119km に及び、道路は全体で 750km 造られたのであり、昭和通り、靖国通り、永代通りなどは現在でも使われている。

② 名前とデザインと共に人々に親しまれている隅田川に架かる永代橋、清洲橋、両国橋、蔵前橋、厩橋、吾妻橋、言問橋といった橋も造られ、
　③ 公園も隅田公園、錦糸公園、浜町公園といった大公園を含め多くの公園が造られ、
　④ 江東区等広範囲に区画整理をした。
ことは、震災復興土地区画整理として後世への遺産として我々に残してくれているのである。

　震災復興の土地区画整理がほぼ終了した昭和6年に、都市計画区域内において耕地整理をすることが禁じられることとなった。農業政策としての補助や融資の恩典を受けて実際は宅地化してしまうことを許すべきではない、という理由からである。したがって、それまでの耕地整理法による耕地整理と都市計画法による土地区画整理（耕地整理法は準用するのであるが）は併用されていたのが、都市計画法による土地区画整理に限定されることとなった。

　都市計画法による土地区画整理は、都市計画区域に限られるので、法律が制定された大正8年は6大都市しか適用されていなかったが、大正12年には25都市に拡大され、昭和8年には全都市に拡大し、町村も大臣指定によって適用されるようになってきたことと、産業の発展に伴い都市への人口流入が強まり、地方都市でも区画整理をする気運が高まってきたこと、さらに都市計画法による土地区画整理にも融資がつくようになったこともあって、各地で土地区画整理が進むようになってきたのである。

3.7　戦災復興

　太平洋戦争によって我が国土は焦土と化した。全国215の都市で罹災面積は約2億坪に及び、関東大震災の罹災面積1,300万坪の15倍という甚大な被害を被ったのである。戦争末期から戦災復興の検討は進められていたようであるが、考え方の基本は、震災復興で培ってきた区画整理の手法を使うということであった。政府は終戦の3カ月後の昭和20年11月に戦災復興院を立ち上げ、12月に「戦災地復興計画基本方針」を閣議決定する。要約すると、戦災都市115市町村の主要罹災地域を中心に地域地区を基本とする土地利用計画を適切かつ詳細に定める。将来の自動車交通や建築に適用するよう主要幹線街路、幹線街路などのネットワークの幅員も決め、場所によっては100mの広い道路を造る、緑地は市街地の10%をとる等の主要施設の整備方針を決め、これを実現する手法

として土地区画整理を行い、市街地の不燃化を図る、といったものであった。

この基本方針の下に、翌昭和21年4月に戦災復興院告示が出される。その要旨は、焼失4,800万坪を含む6,100万坪を都市計画区域とし、そのうち震災復興完了地区、焼失を免れた地域を除き緊急施行を要する約3,000万坪を特別都市計画事業として決定したのである。これに基づき政府は昭和21年9月に特別都市計画法を制定する。この特別都市計画法は、基本的には関東大震災のときの特別都市計画法を踏襲しているが、異なっている点を列挙する。

① 緑地地域の制度を設けたこと

前記「戦災地復興計画基本方針」の中に「過大都市の抑制並びに地方中小都市の振興を図るを目途として」と書かれており、この頃から都市への人口集中を予想し、英国のグリーンベルトの考え方を採り入れたのである。

② 土地区画整理の手直し

震災復興土地区画整理によって得られた経験から事業遂行にあたって、**表3-2**に示すような改善を図った。

表 3-2　旧法と新法の比較表

	旧特別都市計画法	新特別都市計画法
施行者	行政官庁は認めない	行政官庁を認める
費用負担	地方負担が本則 国が補助	国負担が本則 地方が一部負担
施行地区への編入(官有地・国有地等の所有者の同意)	必要	不要
過少宅地の換地の特例	なし	あり
減歩への補償	1割以上補償	1割5分以上補償

「戦災地復興計画基本方針」は、土地利用計画の下に主要施設計画、区画整理などを盛り込んだ国家百年の計の構想であったが、特別都市計画法では英国の都市計画を範とするグリーンベルトは盛り込まれたものの、ほとんどが土地区画整理に関する規定で、議会でも都市の人口抑制論、国土計画等の立法論が出たり、基本法としては内容が不十分という議論も出されたのである。しかし従来から理想的な都市を造りたいと考えていた都市計画関係者としては、今までできなかったことを、戦災を機に土地区画整理によって実施することとなったこと、100を超えるたくさんの都市計画をするだけに大変な時間と労力を費やす仕事に意気に燃えたといって過言ではなかったろう。

昭和23年の1月に内務省が解体され、内務省国土局と戦災復興院が合併して建設院が設置された際、建設院広報課が「都市再建と区画整理」という小冊子を作っているが、「970万人の罹災者のための住居の提供は焦眉の急であるが、恒久対策の都市建設を放棄してバラック都市の再現は避けなければならず、土地区画整理の仕事は万難を排して実施し、再建の基礎を確立しなければならない」と区画整理の長所、効果を述べていて、その時の関係者の高揚感が胸を打つのである。

(出典：「戦災復興事業誌」戦災復興事業誌編集研究会　広島市都市整備局都市整備部区画整理課編集　1995年1月14日発行)

写真3-3　広島戦災復興

しかしこの高揚感も、残念ながら徐々に挫折させられていく。それは震災復興土地区画整理事業と類似していたともいえる。特別都市法が制定された昭和21年9月の翌月に、115都市を特別都市計画として戦災復興事業を実施することを決定し、当初は1億8,000万坪の土地区画整理を実施する計画であったが、昭和24年に85都市となり、面積も復興計画に対する関係者の反対、台風、震災等の復旧費のため土地区画整理への補助が回せなくなったりして、1億5,000万坪、1億3,800万坪と順次縮小され、24年1月には1億坪まで後退、さらに8,500万坪まで縮小してしまったのである。

　しかも、事業実施している地区でも時間がかかり、昭和29年に土地区画整理法が制定されて、翌年4月に施行されたとき換地処分まで到達していたのは18都市にすぎず、残りの67都市は土地区画整理法の事業に引き継がれていくことになった。しかし東京では実現しなかった100メートル道路は、広島、名古屋で実現していったのである。

3.8　火災復興

　この区画整理は震災復興、戦災復興に役立ってきたが火災復興にも役立ってきた。このことについてもここで触れておきたい。

　我が国の都市は木造都市であるから、昔から大火に見舞われてきた。そのたびに復興をしてきたのであるが、明治になってからはヨーロッパの都市計画にならった復興計画が試みられるようになった。狭い道路を広げ宅地を整然とした区画に造り上げるもので、その嚆矢をなしたのが明治5年の銀座の大火後の煉瓦街の建設である。帝都に欧風の都市を造って文明開化を諸外国にも見せようと、政府は焼失地を買い上げ、道路を広げ（今の銀座通り）、土地整理をして煉瓦の建物を建て民間に分譲したのである。大火の復興に土地整理が有効であることを証明したといえる。

　その後も、何度も起きた函館の大火でもその都度道路の拡幅、建物の移転など街の復興をしてきたのは有名であるが、その他の都市でも川越、青森、横浜、米沢などの大火も市区改正を中心に復興を遂げてきた。そして大正8年都市計画法が制定されて「土地区画整理」が制度化されると、火災復興には土地区画整理によって復興計画を立てる、というのが完全に定着することになったのである。

　戦後も毎年のように大火があり、飯田市、能代市、熱海市、松阪市、鳥取市、

新潟市、魚津市等で火災復興区画整理が実施されてきたのであり、最近でこそ市街地も耐火建築が増えたこともあり大火は少なくなってきているが、それでも昭和 52 年にフェーン現象という風の強さによって大火となった酒田の例もあるように、火災復興といえば土地区画整理による復興という考えはゆるがすことができないものだといえよう。

　土地区画整理によって造られる道路は、幹線や補助幹線といった広めの道路ばかりでなく区画街路も小まめに配置されているから、火災時の延焼防火効果があり、阪神・淡路大震災でも延焼が区画街路で止まっていた例もあり（もっとも不燃建築物が一部あったことも手伝ったと思われるが）、土地区画整理それ自体が防災効果を持っていることも承知しておかなければならない。

　関東大震災時の東京市は 43.6％が焼失したのに比較し、阪神・淡路大震災の神戸市の中心市街地（六甲山の南側）の焼失率は 0.13％に過ぎなかったことは、いかに東京市がほとんど木造、神戸は耐火建築が進んでいたという差があることを割り引いても、戦後、神戸市が中心部を大々的に戦災復興土地区画整理事業をやってきたことが防火の効果があったということを証明してくれているというべきであろう。

　火災復興の土地区画整理は枚挙に暇がないほどといえるが、火災のほかにも平成 2 年 11 月に起きた雲仙普賢岳の噴火や、昭和 32 年の諫早台風といった自然災害も、その後の復興は土地区画整理によることが多いことは特筆すべきことといえる。

3.9　借り着から晴れ着へ ──土地区画整理法の制定

　戦災復興土地区画整理事業が全国 115 の都市で進められ、区画整理による市街地整備が全国的に有効であるという認識も高まるにつれ、農地を対象とする耕地整理法を宅地に準用することへの疑問、抵抗感が生じてくることなる。昭和 24 年には土地改良法が制定されたため、それによって廃止された旧耕地整理法を準用するという事態に立ち至ることとなった。

　そこで都市計画法、特別都市計画法、耕地整理法などの複雑化した法律を再検討して土地区画整理の単独法を制定することが必要とされることになる。数年の研究を経て成案をまとめ、昭和 29 年に土地区画整理法が誕生したのである。大正 8 年以来の借り着から晴れ着に衣替えをすることになったといえる。

土地区画整理法は、これまで実施してきた土地区画整理を体系化して法制化したものであるが、従来は規定上わかりにくかった施行者を、個人施行、共同施行、組合施行、公共団体施行、行政庁施行、建設大臣施行と明確にわかりやすくしたこと、個人施行者、土地区画整理施行者として所有権者に加えて借地権者を含ませたこと、事業計画の公衆の縦覧と意見書の提出等の関係権利者の意見を反映させるための仕組みを作ったことなどが挙げられるが、特筆すべきことは、事業目的に公共施設の整備改善を明定したことである。

　都市計画法では「宅地トシテノ利用ノ増進ヲ図ル為」土地区画整理を施行するとされていたものを、土地区画整理法では「公共施設の整備改善および宅地の利用増進を図る」としたことである。もともと耕地整理から出発した土地区画整理は、郊外の農地を宅地化していくために組合施行でされていたのが、震災復興、戦災復興では既成市街地で施行することとなり、道路、公園等の公共施設を将来にわたって都市計画として必要となる規模で造るべき役割を持たされたのである。

　戦災復興において名古屋とか広島で100m道路などが造られたのは、郊外地の宅地を生み出す土地区画整理というより将来の構想に基づく都市計画の大義に根拠があるからである。その意味で、都市計画を「重要施設の計画」とする施設計画論を実施していく手段としての地位を土地区画整理法が宣言したものといえる。

　土地区画整理法の改正に伴って、都市計画法も次のように改正された。

第十二条
　都市計画区域内ニ於ケル土地ニ付テハ公共ノ用ニ供スベキ施設ノ整備改善及ビ宅地トシテノ利用ノ増進ヲ図ル為土地区画整理法ノ定ムル所ニ依リ土地区画整理事業ヲ施行スルコトヲ得

　ここにおいて土地区画整理事業は「事業都市計画」と称され、道路、公園等の純粋の施設計画論による都市計画ではないが、実質的には施設計画論に正式に組み込まれたのである。これまでに施行されてきた土地区画整理事業の施行実績は**表**3-3のとおりであり、全国で約35万ha、全国の人口集中地区面積120万haの約3割に相当しているのである。

　筑波研究学園地区の4割は、このように長い歴史で積み上げてきた、区画整理の手法で造られたのである。

表 3-3　土地区画整理事業の実績

平成 22 年 3 月 31 日現在

施行状況 適用法および施行者		事業着工		うち換地処分済み		うち施行中	
		地区数	面積 (ha)	地区数	面積 (ha)	地区数	面積 (ha)
旧都市計画法		1,183	49,101	1,183	49,101		
土地区画整理法	個人・共同	1,299	18,023	1,244	17,342	52	606
	組合	5,871	120,043	5,371	105,120	481	14,313
	公共団体	2,773	124,975	2,147	100,224	610	24,202
	行政庁	57	3,201	57	3,201	0	0
	都市機構	307	29,045	258	22,947	49	6,099
	地方公社	115	2,649	115	2,649	0	0
	区画整理会社	1	5	1	5	0	0
	小計	10,423	297,942	9,193	251,488	1,192	45,220
合計		11,606	347,043	10,376	300,589	1,192	45,220

(注)　1. 計数は、各々四捨五入しているため合計と符合しない場合がある。
　　　2. 事業着工後に中止した地区等があるため合計と符合しない場合がある。

(出典：国土交通省市街地整備課資料より)

[参考文献]
1) 樺島 徹「土地区画整理年表」、新都市　昭和 60 年 5 月号、都市計画協会
2) 劉少宗、龔理淑、檀馨、蜀子原 編纂「城市街道緑化設計」、中国建築工業出版社、1981 年 4 月
3) 同済大学、重慶建築工程学院、武漢建築材料工業学院 合編「城市規制原理」、中国建築工業出版社、1980 年 6 月
4) 「帝都復興事業誌　緒言・組織及法制編」、復興事務局、昭和 6 年 3 月
5) 岩見良太郎「土地区画整理の研究」、自治体研究社、1998 年 7 月
6) 後藤子爵、直木復興局長官 他述「帝都土地区画整理に就て」、東京市政調査会、大正 13 年 4 月
7) 「帝都復興区画整理誌 第一編 帝都復興事業概観」、東京市役所、昭和 7 年 3 月
8) 戦災復興院監修「復興土地区画整理要覧」、都市計画協会、昭和 22 年 8 月
9) 鬼丸勝之「特別都市計画法解義」、厳松堂書店、昭和 22 年 8 月
10) 三松武夫「耕地整理法要義 全」、成美堂、明治 39 年 10 月
11) 池田 宏「帝都復興計画の由来と其法制」、都市問題 10 巻 4 号、昭和 5 年 4 月
12) 池田 宏「都市計画の由来と都市計画」、都市公論 14 巻 11 号、昭和 6 年 11 月
13) 池田 宏「都市論集」(「都市計画法の由来と都市計画」「帝都復興計画と其の法制」)、池田宏遺稿集刊行会、昭和 15 年 4 月
14) 建設院総裁官房総務課編「都市再建と区画整理」、昭和 23 年 4 月

15) 鶴海良一郎、河野正三 共著「土地区画整理法逐条解説」、都市計画協会、昭和29年9月
16) 「特集災害復興整理が果たした役割」区画整理、街づくり区画整理協会、2011年8月
17) 石田頼房、波多野憲男、鈴木栄基「日本における土地区画整理制度の成立とアヂケス法」、日本都市計画学術論文集、1987年10月
18) 三井康壽「防災行政と都市づくり」、信山社、2009年9月

第4章　首都圏整備計画

4.1　はじめに

　昭和38(1963)年9月に、政府は筑波地区に研究・学園都市を造ることを閣議了解という形式で決定する。閣議了解は次の三項目であった。
　①　研究・学園都市の建設地は筑波地区とする。
　②　研究・学園都市の建設規模は、概ね4,000haを予定する。
　③　研究・学園都市の用地の取得造成は、日本住宅公団に行わせる。
　筑波研究学園都市は、この閣議了解によって正式にスタートをしたのである。筑波研究学園都市を担当したのが総理府首都圏整備委員会であった。戦後の復興にあたって、特に東京を平和国家の首都として十分にその政治、経済、文化等についての機能を発揮し得るように首都建設計画を作るため、昭和25年に首都建設法が制定された。その首都建設計画の作成と実施の推進にあたらせるため総理府の外局として首都建設委員会が設置されたが、昭和31年に首都圏整備法が制定され首都圏整備員会に改組されてできたのである。委員長は国務大臣が充てられる。筑波研究学園都市の閣議了解の時は、河野一郎が委員長であった。すなわち筑波研究学園都市は、首都圏整備計画という大都市圏政策に位置づけられた計画として誕生したのである。
　何故大都市圏政策が必要とされるかということは、第1章で述べた田園都市論、あるいはそれを生んだ産業革命が生んだ英国の都市問題解決の考え方に存しているのである。その基本的課題である、過大都市の抑制を図るという考え方である。
　既に述べたように、ハワードが提唱した田園都市論は欧米で広く支持され、大正12(1923)年に国際田園都市会議が開かれ、翌年の国際都市計画会議(アムステルダムで開催)でも次の七原則が決議された。
　①　大都市の無限の膨張は望ましくない
　②　衛星都市による人口の分散
　③　緑地帯で既成市街地を囲む

④　自動車交通問題の重視
⑤　地方計画の必要
⑥　地方計画の弾力性
⑦　土地利用の規制

　この七原則は、産業の発展によって都市に人口が集まり、都市は膨張していくという歴史的必然がもたらす劣悪な市街地、環境の悪化、自然の喪失に対し、都市自体を過大化させないため、自然環境の享受できる衛星都市を大都市の周辺に造って人口を分散し、大都市の外縁部にグリーンベルトを帯状に設け、一つの都市の都市計画を超えて広い地域で都市の無限の膨張を吸収するための地方計画を確立することを提唱しているのである。

(写真提供：UR 都市機構)

写真 4-1　筑波研究学園都市（昭和 50 年）

　もっともこの地方計画についての考え方（理論）はいくつかあって、一つはハワードの田園都市論のような衛星都市で母都市とは独立した考え方（例えばロンドンとウェルウィンやレッチワース）、二つ目はアメリカのアーサー・コミーの地方計画論のように都市への人口集中を中心都市と連携するいくつかの都市へ分散させ、これらの都市と中心都市を鉄道や道路による交通幹線で整備するという考え方である。

前者は衛星都市として中心都市から独立し、都市への人口集中を分散して受け止める考え方であり、後者は中心都市への人口集中圧力を前者のように無理矢理中心都市から独立した衛星都市へ分散させるのでなく、交通ネットを太い動脈として整備し、中心都市と関連づけられた衛星都市へと分散集中させるものである。ここにいう地方計画こそ都市計画の範囲を超えた圏域計画のことを意味しており、我が国での大都市圏計画になっていくものである。

4.2　圏域計画への発展

初代都市計画課長をした池田宏は、アムステルダム会議についてその七原則によって「地方計画は西欧諸国における都市計画の実際を支配するに至った」と書き記している。しかし圏域計画という問題認識よりも、都市と農村の経済政策の問題として捉えている[注1]。これに対し飯沼一省は、圏域を明確に意識して要旨を次のように書き記している[注2]。

> 東京の計画は単に東京のみを考えた丈では樹てられない。東京府及び神奈川、埼玉、千葉三県に亘り樹てられる地方計画と相俟って、初めて東京都市計画を考えることが出来るのである。京阪神地方の計画に立脚して、初めて大阪都市計画を考案することが出来るのである。即ち、東京若しくは大阪というが如き大都市を中心として、其の附近に碁布せる幾多の小都市及之を囲繞せる農村を統制するところの地方計画があって、中心都市たる東京、大阪の都市計画の意義が生ずるのである。

まさしく飯沼は、東京や大阪のような大都市の都市計画を考えるにあたって大都市圏計画の一環として考えるべきで、首都圏計画、近畿圏計画を作るべしと昭和2年に提言し、昭和30年代の首都圏整備計画を予言していたのである。

ハワードの田園都市論とアムステルダム国際都市計画会議の七原則、それに感銘を受けた飯沼一省の過大都市抑制論は、その後の我が国都市計画の歴史に大きな影響を与えていくことになる。

緑地帯で既成市街地を囲むというアムステルダム国際会議の七原則の一つを受けて、昭和7(1932)年10月に「東京緑地計画協議会」が都市計画地方委員会に設置され、昭和14(1939)年96万haという広大な緑地計画のマスタープラン

注1)　池田宏「池田宏都市論集」都市計画の将来と地方計画
注2)　飯沼一省「都市計画の理論と法制」

「東京緑地計画」が作られた。東京緑地計画と銘打ってもその対象区域は東京50キロ圏に及び、多摩川、荒川等の河川の流域沿い、三多摩から秩父にかけての丘陵地、房総半島の木更津、君津と小湊、鴨川の間の丘陵地や東京を取り囲む帯状の環状緑地帯を含むものだった。言ってみれば、首都圏の緑地計画という性格を持っているのである。この環状緑地帯は、いわゆるグリーンベルトの性格を持っていたといえる。

アムステルダム国際都市計画会議にいう地方計画、すなわち圏域計画を受けて我が国の都市計画担当者は、京浜、京阪神、中京および北九州の工業地帯の過大化防止策としての地方計画を立案しようとしたり、地方での地方計画を立てようとしたりしていたのである。その根底にある都市の過大化抑制の思想は、第2次世界大戦後の復興計画の基本的考え方の一つにもなっていた。

戦争末期になって都市計画担当者は復興計画について検討を進めていたとされているが、戦後の昭和20年12月に戦災復興院が作成して閣議決定された「戦災地復興計画基本方針」において、過大都市の抑制、地方都市の振興、農業・農村工業の振興ということが謳われたのである。

こうした考え方を受けて、昭和21(1946)年11月に東京都が定めた「東京復興計画概要」では40〜50キロ圏の横須賀、厚木、町田、八王子、立川、川越、大宮、春日部、千葉を人口10万程度の衛星都市とし、さらにその外側100キロ圏の水戸、宇都宮、前橋、高崎、甲府、沼津、小田原等に人口20万程度の都市を造って東京の過大化防止と地方都市の振興を図るというものであった。これはまさしく広域圏都市計画であり、現在の首都圏整備計画といえるものだった。少なくとも首都圏整備計画の骨格は、この時に出来上がったといっていいかもしれない。もっとも核となる都市計画がなかった筑波は、この計画の対象となってはいなかったのである。

しかし残念ながら、アムステルダム国際会議で提唱された地方計画は、英国のようにそれを実現するための土地利用規制という手段を持たない我が国においては、計画は作ったもののその実現が保証されたものではなかった。

4.3　見果てぬ夢 ——グリーンベルト

　一つだけ実現を試みることができたのが、グリーンベルトであった。前出の「東京緑地計画」は、その後昭和 15 年に砧、神代（じんだい）、小金井、舎人、水元、篠崎などの緑地が追加され、これらの緑地は現在東京でも貴重な緑地公園として残されている。これらの緑地は昭和 16 年防空法の改正によって防空空地帯の指定ができるようになって、防空空地としての役割を果たすようになっていき、土地も買収されるようになっていったのであるが、戦後は買収した土地も耕作地として私有化されるようになった。

　しかし過大都市の膨張を阻止し、市民の健康を保全するため広大な土地を保全する必要を基本方針とする政府は、防空法が廃止され制限が解除された防空空地のうち東京区部の縁辺部にグリーンベルトを指定することとして、特別都市計画法の緑地地域とすることを決めるのである。都心から 20 キロから 30 キロくらいまでの 10 キロメートルの幅で、昭和 22 年 7 月 26 日に緑地地域が指定される。緑地地域の規制は、特別都市計画法施行令に基づいて行われた。

特別都市計画法施行令第 3 条

　　法第三条第一項の規定により指定された緑地地域内においては、建築物は左の各号の一に該当するものを除いては、これを新築または増築することができない。

　　一　農業、林業、畜産業または水産業を営む者の業務または居住の用途に供する為に建築するもの
　　二　公園、運動場の類の施設に附随して建築するもの
　　三　内閣総理大臣の指定する建築物でその建築面積が敷地面積の十分の一を超えないもの
　　四　地方長官が公益上已むを得ないと認めるもの

　　前項各号の定める建築物を新築または増築しようとする者は、地方長官の許可を受けなければならない。但し、地方長官が別段の定をなした場合には、この限りでない。

　要するに、一般の住宅等は建蔽率を 1 割にするという建築規制をかけて、宅地化の抑制を図ろうとしたのである。この緑地地域の制度はイギリスのロンドンのグリーンベルトに範をとったのであるが、ロンドンのグリーンベルトは大地主の土地が多く、バラ建ちによる開発がされにくかったことと、田園都市の経験から自立衛星都市の建設も進み、都市への人口の集中の圧力が東京に比較

して低かったこと、厳格な用途制限などの建築規制が敷かれていないこと、かつ、その制限に対しては先買権などによって土地を公的所有にする仕組みが整っていたことがグリーンベルトの役割を果たしたのであった。

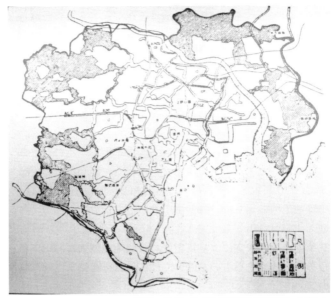

(出典:佐藤 昌「日本公園緑地発達史 上巻」)

図 4-1　緑地地域当初指定図

　それに対して我が国のグリーンベルトは、農地解放によって土地の規模は小さく、所有者の数も多かったこと、戦後の東京への人口圧力が極めて強かったこと、土地所有権が強く、かつ、規制への抵抗感が強く建ぺい率制限を超えてバラ建ちの住宅がどんどん建てられたことから、なしくずし的に緑地地域が有名無実化していったのである。緑地地域の制度による過大都市の膨張抑制という使命は、結局見果てぬ夢となってしまったのである。緑地地域の制度は、昭和 44 年に新都市計画法の市街化区域および市街化調整区域制度ができた際に廃止させられる運命となった。

　昭和 31 年に首都圏整備法が制定され、首都圏整備計画を作ることとなる。首都圏整備計画は、基本計画、整備計画および事業計画から構成され、その第 1 次首都圏基本計画においては、既成市街地、近郊地帯、市街地開発区域の三

つの地域区分を定める。この近郊地帯は大ロンドン計画のグリーンベルトの考えを採り入れたかなり広い環状の地域を指定している。千葉県の船橋、松戸から区部の縁辺部、多摩丘陵から横浜の丘陵地帯へかけてである。この近郊地帯には緑地地域は含まれているものの、計画策定者の心は、この近郊地帯を東京のグリーンベルトと考えていたのである。しかしロンドンのグリーンベルトのように住宅を禁止して緑を保全するという手段を持たない近郊地帯には、グリーンベルトという名称は付けられていないのである。緑地地域についていえば、指定当初は 18,000ha と区部面積の 32%、緑地地域が指定された 10 区の面積の 47%あったのである（**表 4-1**）。

表 4-1　緑地地域関係区名ならびに区内面積表

区　名	区面積(ha)	緑地地域面積(ha)	区面積に対する%
江戸川	4,680.00	2,909.39	62.1
葛　飾	3,578.00	1,636.07	45.7
足　立	5,351.00	3,754.22	70.1
板　橋	8,066.00	5,355.73	66.3
豊　島	1,329.00	29.40	2.2
中　野	1,541.00	318.18	20.6
杉　並	3,409.00	1,118.15	32.7
世田ヶ谷	6,076.00	2,407.07	39.6
大　森	2,339.00	312.23	13.3
目　黒	1,473.00	169.56	11.5
計	37,842.00	18,010.00	47.6

（出典：佐藤　昌「日本公園緑地発達史　上巻」）

しかし昭和 26 年頃から緑地地域解除の運動が拡大していったのであるが、その理由は緑地地域の内外における農地の財産権の不平等によるというものであった。すなわち、宅地の需要が高まり一般農地に比較して緑地地域にある農地は建蔽率制限のため価格が低く、売りにくいからであった。それでも違法、脱法により建蔽率をごまかして建築がなされ、なしくずしに緑地地域は縮小されてきて、首都圏整備法が制定される前年の昭和 30 年には 9,900ha と当初の 32%が 18%にまで減少してしまっていたのである。緑地地域はその後も東京の人口増圧力と土地所有権の力に抗し切れず徐々に姿を消していき、昭和 29 年土地区画整理法の制定時に特別都市計画法は廃止され、それでも緑地地域の規

制は土地区画整理法の附則で、「当分の間なお効力を有する」とされ、存続された。昭和44年に新都市計画が制定され市街地調整区域の制度が作られ、効力を有するとされた附則も廃止され、我が国のグリーンベルトは終焉を迎えたのであった。

ちなみにロンドンのグリーンベルトは1955（昭和30）年に150万haが指定され、イングランドの面積の12〜13％を占めていて、既に半世紀も続いている。

彼我の過大都市を抑制し、緑豊かな田園に囲まれた都市を造り、住むという都市計画に対する意識の大きな隔たりには胸が打たれてならないのである。

戦災復興事業が財政難から縮小されていく状況の中で、首都東京を国の機関によって整備をしていくための首都建設法が、昭和25年6月に議員立法として制定され、首都建設委員会が設置される。首都建設委員会は建設大臣を委員長とし、衆議院議員1名、参議院議員1名、都知事、都議会議員1名、学識経験者4名からなり、その事務局として総理府の外局として首都建設委員会事務局が設置された。後の首都圏整備委員会の前身である。

この委員会は首都東京の建設事業の計画を決めるのが所掌事務であったが、やはり東京の問題はより広域の地方計画、圏域計画の中で考えていかなければ解決できないという考え方から、首都圏全体の計画について作業をしていくようになる。ハワードの田園都市論、1924年のアムステルダム国際会議の七原則を是とする考えが受け入れられた結果でもある。首都の過大な膨張を防ぎ、グリーンベルトを設け人口を分散して衛星都市を造るという考え方である。

そうした議論をまとめ上げた「首都圏構想素案」が昭和30年6月に発表される。その要旨は次のようなものであった。

1. 首都圏の過大化を防止する。
2. 都心から概ね50キロ圏を内部市街地、近郊地帯、周辺地帯の三つの地域に分ける。
3. 三つの地域の整備の考え方は次のようにする。
    ① 内部市街地　…工業の立地規制を行い、建築物の高層化を図る
    ② 近郊地帯　　…環状緑地帯として、風景地、農耕地を保存するとともに墓地、研究施設等を設ける
    ③ 周辺地帯　　…30キロ程度の地域に工業的衛星都市のネットワークを形成して、東京の過大化を防止する。衛星都市は英国の独立的ニュータウンでなく、既存の都市計画を核として育成し工業を導入する

4.4 大都市圏整備時代へ

　昭和25年に朝鮮半島で勃発した朝鮮戦争は我が国の産業に特需をもたらし、急速に経済活動が活発化し、日本経済の成長が促進される。そして産業の都市集中、人口の都市への集中も加速することとなる。東京への人口と産業の集中の勢いが加速、建前上は首都の区域に限定して計画を立てることとされていた首都建設委員会を、首都圏全体の計画を立てる首都圏整備委員会に改組し、首都圏整備計画を立てる首都圏整備法が昭和31年4月に制定された。

　その後昭和38年に近畿圏整備法、昭和41年に中部圏開発整備法が制定され、大都市圏計画の制度が確立していくことになる。英国の田園都市、地方計画論、グレーターロンドン計画の思想は、我が国では、首都圏整備計画をはじめとする大都市圏計画制度へと発展していったわけである。

（出典：株式会社プレック研究所）

図4-2　近郊整備地帯図

首都圏整備委員会は同じ年の6月に発足した。総理府の外局であること、委員長は建設大臣であることは同じであったが、首都建設委員会はアメリカの行政委員会制度にならって衆議院議員、参議院議員、都知事、都議会議員等による政治色の強い委員会制度ではなく、大臣である委員長の下に若干の顧問を置き、事務局は次官クラスを事務局長とする組織として発足した。

　既に首都建設委員会が発表した「首都圏構想素案」をもとに、昭和33年7月に「第1次首都圏基本計画」が決定される。この基本計画はほぼ首都圏構想素案と同じであったが、首都圏の範囲が50キロとされていたのを70～80キロとした。しかもそれも北関東、山梨からの強い意見で100キロ圏へと拡大されていったのである。衛星都市は首都圏整備法では市街地開発区域（後に都市開発区域と名称が変更される）として指定され、昭和33年8月に相模原市と町田市に相模原・町田市街地開発区域が指定されたのをはじめ、八王子・日野、大宮・浦和等が逐次指定されていき、昭和42年には全部で23区域が指定されていくことになる。

　ところが昭和35年の国勢調査結果によって、東京圏への人口の増加が予想をはるかに上回ることが判明して、首都圏整備委員会はこれに対する政策変更を迫られる。特に注目すべき点は、
　① 既成市街地の工場を制限して、東京から分散させる
　② 既成市街地になくてもよい官庁施設を移転させる
　③ 近郊地帯にある緑地地域を公園緑地を確保した計画的開発を認める
である。

　ここにおいて、必ずしも東京に置くことを要しない官庁を移転して、新たに官庁都市を造る考え方が出てきたのである。

4.5　中枢管理機能論と研究機関の拡充強化論

　これまでは都市への人口集中は、産業の発展とそれに伴う都市人口の増大という観点から過大都市の抑制論が論じられてきたが、大学も東京に集中してきて人口増の大きなウェイトを占めるようになってきて、工場と大学の新増設を規制する「首都圏の既成市街地における工業等の制限に関する法律」が昭和34年に制定された。これによって東京への工場労働者人口の流入を減少させることができたにもかかわらず、人口の増加は止まらず、なかでもオフィス人口が増え続けていることが問題になってきたのである。

これに対して、工場や大学と同じように事務所規制をしたらどうかという議論が出始める。昭和40年代になると事務所規制論が叫ばれるようになるが、結局我が国では事務所規制には至らなかった。政治経済の中心である首都には中枢管理機能という機能があり、工場などの産業機能は中枢管理機能ではないが、オフィスには政治や経済活動に直接関係しているものがあり、それに首都に立地する合理性があり、そうしたものが中枢管理機能と言われるものである。したがって中枢管理機能に属するオフィスの規制はそれなりの根拠が必要とされるのであり、首都東京の機能が増大し、会社の本社機能を東京へ移す等オフィス需要が増えてきたときに、それを規制することは困難となるのである。

そこで過大都市抑制論の立場からすると、オフィスの需要による東京の拡大を防ぐためには、中枢管理機能に属さないオフィスを移転させたらどうかという議論になり、まず官庁の方から率先して東京の既成市街地になくてもよい機関を集団で移転する官庁都市構想が出てきたのである。そして昭和36年9月に、官庁の附属機関や国立学校の集団移転について速やかに具体的方策を検討する旨の閣議決定をみるに至る。

他方、国の研究機関においても研究の多様化、高度化のため施設の拡充強化を求める動きが強まってきていた。昭和30年代は技術革新の時代であり、高度経済成長を遂げていく過程の中で技術研究に対する期待が高まり、より良い研究環境の中でよい良い研究をする必要が高まってきたからである。当時こうした研究機関は建物も設備も老朽化したものを利用しているものが多く、民間の成長する企業の工場などが新鋭の工場、機械設備に投資しているのに比べ、見劣りする状態であった。

そこで科学技術庁を中心に議論が進められ、昭和37年3月に科学技術会議の第1次答申では、国立試験研究機関の集中移転が必要であることが掲げられたのである。

また、大学を所管する文部省も、戦後のベビーブームによる大学生急増対策のためには、現施設で収容できず部分的に大学の分散をしなければならないなどの問題を抱え、広い土地を求めて移転するという考えが強まり、こうした動きが官庁都市構想と急速に一体化していくことになるのである。

4.6 首都圏整備法の改正

　首都圏整備委員会で首都圏全体の計画を進めることと併行して、東京への人口の集中による交通混雑、環境の悪化といった過密化の問題に対応するため、建設省に大臣の私的諮問機関として「大都市再開発問題懇談会」が昭和37年に設置される。この懇談会は精力的に審議を進め、翌38年3月には第1次中間報告をまとめ「東京の再開発に関する基本構想」という形で公表される。この中間報告は、基本的には東京の都市構造改造の視点でまとめられている。すなわち、中枢管理機能を中心とした都心への集中を複数の副都心を造って都心機能を分散し、その副都心へは東京への高速道路と連絡して都心機能を分散するという構造改革である。

　副都心としては、大量交通機関の集中している新宿、渋谷、池袋などを想定し、新宿では淀橋浄水場跡地に新たに副都心を造るというものであった。そうした構造改革によって、実際には新宿に東京都庁が移転し、大手のディベロッパー、ホテルの超高層群が建ち並ぶ副都心が実現したのである。したがってこの中間報告は、中枢管理機能の集中を一極で受け止めるのではなく、多極で受け止めるというものであった。すなわち、これまで延々とやってきたグリーンベルトが結果的には初期の目的を達成することはできないという前提に立って、都心機能の分散という考え方で人口、産業の集中に対処しようとするものであったといえる。

　産業革命による人口、産業の集中は2次産業が主体であったのであるが、経済の高度発展は3次産業の成長をもたらし、それが中枢管理機能に結び付いてきて都市の過密化をもたらしてきたことに対する必然的な答えとなっていかざるを得なかったといえる。その意味では、中枢管理機能に直接関係しない機能を分散していくという考え方が、その結果として出てくることになる。それが研究機関とか大学ということになってくるのである。

　官庁都市建設構想が起こった昭和36年頃の首都圏整備委員会委員長は、その後自民党の副総裁をする川島正次郎であったが、その年の11月に病気で辞任し、河野一郎が建設大臣と兼ねて首都圏整備委員会の委員長となった。河野委員長は当時の実力者でもあり、こうした実力大臣の下で進められていくことになる。

　当時候補地としては富士山麓、藤沢、赤城山麓、那須、筑波などが各県から出されてきたのを受けて、首都圏整備委員会事務局が人文、地文その他の資料

を収集し、実地調査も行ってその利害得失を総合的に判定した結果、筑波が最良であるという結論を出した。東京から遠すぎると、移転職員には共稼ぎも多いことから夫婦が遠く離ればなれでは不便であるし、あまり近いと東京から通勤してしまっては人口の分散という目的を達成できなくなるといった"遠からず近からず"という場所、水が不足しない点では利根川、霞ヶ浦の水を使える場所であること、火山の爆発の危険がない場所であること、などから最も有力な候補地とされたといえる。また、地元である茨城県も熱心な誘致運動を展開しており、昭和38年7月12日に河野委員長がヘリコプターで現地視察に筑波の地へ降りたときに、筑波の地が実質的に決まったといってよいだろう。その2カ月後に、「研究学園都市の建設地は筑波地区とする」と閣議了解がなされたのである。他地域からの反対も出ようがなかったという意味で、やはり実力大臣の下で構想から割合短期間で決定した効果は大きかったといえる。

昭和40年6月に首都圏整備法が改正される。この改正によって、
① 実質的なグリーンベルトを想定していた近郊地帯を廃止、
② それに代わり、既成市街地の周辺50キロ圏程度までの広範囲を近郊整備地帯として指定し、無秩序な市街化の抑制、計画的市街地の整備、緑地の保全を図る区域とし、
③ 市街地開発区域を都市開発区域と改称。工業都市、住宅都市としての機能に加え、研究学園、流通その他の性格を有する都市としても育成できるようにすることとされた。

これを受けて、筑波研究学園都市は昭和41年11月30日に都市開発区域に指定される。

これによって、筑波研究学園都市は大都市圏整備計画の中に組み込まれ位置づけられたのである。飯沼一省は「都市の理念」の中で、「田園都市論」と「地方計画論」を理想としていた。筑波研究学園都市は東京から70キロ離れていて通勤限界を超えており、周辺は純農村地帯。農村と都市の融合する場所とする自立都市を目指す点でハワードの「田園都市論」に極めて近いといえる。これまでの千里ニュータウン、多摩ニュータウン等の新都市は、住宅都市すなわちベッドタウンであり母都市に従属する都市であったことから、それとの比較では全くの新しい都市づくりである。しかも首都圏整備計画の衛星都市は既存の都市を核として、それを拡大していこうとするものであるのに対し、筑波研究学園都市は既存の市ではなく、六つの町村の区域に新たな独立都市を造ろうとする点でも「田園都市論」に近いといえる。

他方、広域圏計画ともいえる「地方計画論」に関していえば、戦前から研究、検討が進められ実現はしなかったが、地方計画法や関東地方計画が作成されていたので、その考え方は戦後になって首都建設委員会に引き継がれ「首都圏構想素案」をもとに、首都圏整備計画が作られていったのである。首都圏整備計画等の大都市圏整備計画の制度そのものは我が国の都市の実情から作り出された制度であるものの、「地方計画論」にいう地方計画に当たるものといえるのである。首都圏整備計画において筑波研究学園都市が都市開発区域として指定されたことは、とりもなおさず、「地方計画論」にいう地方計画に位置づけられていってよいと考える。

　以上の意味から、筑波研究学園都市はまさしく「田園都市論」と「地方計画論」が合体した歴史的にシンボル的な意味を持つものである。

［参考文献］
1) 「池田宏都市論集」、池田宏遺稿集刊行会、1940 年 4 月
2) 飯沼一省「都市計画の理論と法制」、良書普及会、昭和 2 年
3) 三大都市圏政策形成史編集委員会「三大都市圏政策形成史」、ぎょうせい、平成 12 年 12 月
4) 佐藤 昌「日本公園緑地発達史 上巻」、都市計画研究所、1997 年 11 月
5) 舟引敏明「都市における緑地の保全・創出のための制度体系の構造と今後の展開方策に関する研究」、環境デザイン研究所、2012 年 11 月
6) 竹内藤男「一期一会・私の思い出―回想の 50 年―」、1997 年 12 月

第5章　都市化の時代 ── 面開発の時代

5.1　はじめに

　昭和30年代、40年代は都市化の時代である。疾風怒濤（Sturm und Drang）のように都市化の波が日本列島を襲った時代である。都市化は産業の発展に伴って起こるが、我が国の場合は急速でしかも大規模であった。したがって、それが日本の経済を発展させ世界で第二の経済大国に押し上げたといえる。そしてそれには、たゆまぬ国民の努力、時宜を得た経済政策、技術革新によるほか幸運もあった。

　戦争直後の我が国の疲弊は見る影もないほどであったが、戦争直後から戦災都市の復興、住宅の復興が始まる。経済再建のために設置された経済安定本部（後の経済企画庁の前身）が傾斜生産方式を打ち出し、基幹産業としての石炭と鉄鋼に資金、資材を集中して産業全体を復興しようとしたが、復興金融公庫からの大量の資金融資に伴ってインフレとなった。アメリカから特命公使として来日したジョセフ・ドッジがインフレ退治の超緊縮政策のドッジ・ラインという経済政策を勧告し、これを実施に移したため、今度はデフレとなり経済は混乱した。ところが昭和25年6月に朝鮮戦争が起こり、戦乱の起きている地に近い我が国に特需をもたらし、疲弊していた産業界が息を吹き返して活性化していった。

　その後日本経済は発展していくのだが、なかでも戦災で多くの工場を失ったことが逆に日本経済の発展に役立っていく。それに加えて技術革新の大きな波が世界を捕らえていく中で、老朽化した工場を喪失したことが技術革新を採り入れたオートメーションの工場を新たに造るきっかけとなって、古い工場をそのまま使っている他の西欧諸国に比べて我が国の産業競争力を強めていく結果となったのである。

　他方において、戦争が終わり民心に安堵感も与えたことからベビーブームが昭和20年代前半に起こり、これが後の経済成長を支えていくこととなる。

昭和30年代に入り、池田内閣の国民所得倍増計画[注1]は、こうした経済の発展を国民に分配させるという夢を抱かせ、白黒テレビ、洗濯機、冷蔵庫が"三種の神器"と言われ、こうした耐久消費財が庶民の手に届くようになり、40年代には三種の神器もカラーテレビ、クーラー、自動車とまでなっていくのである。こうした経済の発展、産業の発展は都市人口の増加となって現れてくる。この間の数字を当時の資料を基に復元してみると、表 5-1 および表 5-2 のごとくである。

表 5-1　市街地人口および市街地面積

(千人：km²)

	昭和 35 年	昭和 40 年	対昭和 35 年比	昭和 60 年	対昭和 35 年比
総　人　口	93,419	98,270	1.05	116,460	1.25
市街地人口	40,830	47,260	1.16	93,000	2.28
市街地面積	3,865	4,606	1.19	12,500	3.23

(国土建設の長期構想　建設省　昭和41年8月)

表 5-2　産業別人口の推移

年	産業別割合(%)				就業者数(千人)			
	就業者総数	第1次産業	第2次産業	第3次産業	就業者総数	第1次産業	第2次産業	第3次産業
昭和40年	100.0	24.7	31.9	43.4	47,629	11,747	15,201	20,662
35 年	100.0	32.6	29.2	38.2	43,691	14,237	12,764	16,682
30 年	100.0	41.0	23.5	35.5	39,261	16,111	9,220	13,928

(国土建設の長期構想　建設省　昭和41年8月)

これで見てもわかるように、昭和35年から40年までの5年間で総人口が5%の伸びに対し、市街地人口は16%伸び、昭和60年比ではそれが1.25倍から2.28倍という予想が立てられていたのである。そして就業人口も、昭和30年から40年の10年間で第1次産業が41.0%から24.7%に減少する一方、第2次産業が23.5%から31.9%に、第3次産業が35.5%から43.4%へと増加し、農村人口が都市人口へと移動することが顕著になってきた時代である。

注1)　国民所得倍増計画は、正確には個々人の所得を倍増するという意味ではなく、国民経済計算上の国富を倍増するという意味であるが、国民としても自らの所得が倍増するという意味にとられ、実際にもそうなっていった。

結果的にみると、昭和60年の総人口は39万6千人、市街地人口は68万8千人ほど予想より少ないが、市街地面積は逆に244km²多いという結果となっている。総人口の予想はさほど現実と違っているとはいえないが、市街地人口はかなり相違している。これは予想した時点での急速な市街地人口の伸びをトレンドしたものといえ、当時はいかに都市化に対して備えをしなければならないかと考えていたことを反映したものだったといえる。市街地面積が逆に予想を上回っていたことは、都市化の圧力が市街地の拡大という形で現実化したことを物語っているといえるからである。

ちなみに平成22年の総人口は1億2,805万人、市街地人口は8,612万人、市街地面積は1億2,744km²である。

念のため産業別就業者数も表5-2に示したが、平成22年の国勢調査では就業者数とその比率は次のとおりで、当時とは大きく様変わりしている。

第1次産業	223万人	3.7%
第2次産業	1,473万人	24.6%
第3次産業	4,395万人	71.2%

5.2　工業等制限法

こうした急激な都市化が我が国を襲って来る前から、過大都市の抑制は都市計画関係者の常に大きな課題であり、そのためにまずとられたのが緑地地域の制度であったが、なしくずし的に減少してしまうという状況となってきていた。

そこで首都圏では、既市街地での工業等を制限するという政策がとられる。このために昭和34年に「首都圏の既成市街地における工業等の制限に関する法律」（以下「工業等制限法」と省略する）を制定する。当時東京区部についていえば、職業別の社会増は工場が最も多く、従業員数も全国の約15%を占め、さらに大学の学生数も全国の4割を占めていたという実態だったことから、既成市街地への工場や大学の新増設を制限しようという考えが生まれたのである。後述するが、併せてこうした工場の既成市街地からの追い出しの行き先となる工業団地造成事業を都市計画事業で実施する政策もとられることとなる。

工業等制限法は、平成14（2002）年度にその役目を終えて廃止されるまで何回か改正されているが、その経緯は表5-3に示すようなものであった。

表 5-3　工業等制限法改正経緯

制限区域		制限対象面積	
		工場	大学
昭和 34 年 (制定当初)	東京特別区、武蔵野市、三鷹市	新設 1,600m² 以上	新設 2,000m² 以上
昭和 37 年		(追加)増設 1,000m² 以上	(追加)増設 1,500m² 以上
昭和 39 年	(追加) 横浜市、川越市、川口市		
昭和 47 年	(追加) 京浜臨海部	500m² 以上	

　その後、工業等制限法は規制強化から緩和へ方向転換をしていく。すなわち工業等制限法によって首都圏の工場の事業所数は昭和 44 年をピークに、従業員数は昭和 38 年をピークに逐年減少していき、平成 7 年には制限区域外の東京圏の事業所を下回るという実態に立ち至ったこと、さらに日本企業の海外シフトによって工場新増設の国内での圧力が弱まっていくことによるものであった。したがって制限業種の一部を除外したり、許可基準の緩和という規制緩和が部分的になされたものの、最終的には産業界からの要望を受けて廃止されたのであった。

5.3　静態的都市計画から動態的都市計画（面開発）へ

　第 2 章の施設計画論の都市計画の中で、それからはみ出る事業都市計画というカテゴリーの都市計画制度が創設されたことを述べたが、昭和 30 年代からの都市化の時代に事業都市計画制度が作られていくこととなる。ダイナミックに動く人口・産業の急激な都市集中という都市化の時代に、都市計画制度自体もダイナミックな都市計画、動態的都市計画として投影されていくことになるのである。動態的都市計画制度の嚆矢の土地区画整理法の土地区画整理事業は換地処分という手法によるものであったが、都市化の時代の動態的都市計画は収用権を伴ったものである点が異なるが、その理由は後述することとする。
　首都の無制限な膨張を止めようとする首都圏整備委員会としては、その主な原因である工場や大学の既成市街地での立地を制限すれば、立地需要のある工場は既成市街地の外に土地を求めなければならない。しかもこの立地需要は消費地に近い場所、関連する工場に近い場所、労働力も申し分ない場所を求める

ことになるから、やはり首都圏での立地を求める傾向となる。首都圏整備委員会としても圏域全体の発展は当然志向しているわけで、既成市街地の外での工業用地の確保が課題となる。

工場がバラバラに立地するのでは道路や上下水道等の整備が後追いになり、しかも道路等のネットワークを無視されるような立地では好ましくない。また、工場はある程度の広さをもって指定された工業地域とか準工業地域にまとまって立地することが好ましく、住居地域や商業地域ともある程度の距離を置いておく必要がある。したがって、まとまった団地を造成して、そこに工場を立地してもらう仕組みが必要となってくる。

工場用の土地をまとめて作る方法の一つとしては土地区画整理事業があるが、この事業は事業前の土地所有者はそのまま事業後も土地所有者になることから、工場用地としては事業の中から生み出す保留地を工場に充てることになる。そのため面積を多くとることができず、しかも工場は住宅地の中に建つという状態になってしまうことから、区画整理方式でなく、全面買収方式によらざるを得なくなる。

工業団地を造る場合、十分な道路や緑地、工場に必要な十分な水供給のできる工業用水、排水のために下水道の完備した工業団地を造っていかなければならなくなる。しかも周辺の住宅地、農用地などの土地利用との調和を図ることを考えるとかなり広い土地を全面買収することが必要となる。また産業の発展、都市の人口の増大は土地需要を増大させ、土地価格も上昇してくると買収には困難を伴う。そこで、時間をかけて工業団地の必要性等を説明して、任意買収を進めていくこととしても、収用権を付与した工業団地造成制事業を創設したらどうか、という考えに到達する。

5.4　工業団地造成事業 ──面開発第一弾

収用権を伴った最初の動態的都市計画は、工業団地造成事業の都市計画である。この動態的都市計画は「面開発」と称され、相当規模の広さの一団の土地を開発するもので、昭和30年代から40年代初めまではこの面開発の時代ともいえるほど新しい事業都市計画、面開発の仕組みが考案され、制度化された時代であったといえる。工業用地については工業団地造成事業、ニュータウンと言われる大規模住宅団地については新住宅市街地開発事業、流通センターについては流通業務団地造成事業が作り上げられていったのである。

線的でなく面的に大規模な一団地を収用することを「地帯収用」というのであるが、都市計画法に「一団地の住宅経営」という都市施設があって、これは収用対象事業であり、実際の収用権を発動するようなことはなかったのであるが、地帯収用の仕組みは都市計画法自体にもともと想定されていたといえる。土地収用というのは、公権力で私人の土地を強制的に取得するという個人の財産権を強制的に奪う制度であるから、憲法第29条第1項の財産権不可侵の原則との調和の議論に関係することになる。

　土地収用に関しては、土地収用法によって収用対象事業が限定列挙されているが、道路、河川などの国や地方自治体などの公共事業の用地、民間でも電気、ガス等の公益事業用地が対象とされ、しかも特に線的な事業が主である。地帯収用はこれに反して相当規模な土地を取得し、しかも工業用地のように民間会社や個人に分譲する用地を造成しようとするものであるから、事業そのものが公共性、公益性が必要とされる理論的構築が必要とされる。

　議論の出発点は、過大都市抑制論の政策として制度化された「首都圏の既成市街地における工業等の制限に関する法律」による工場の既成市街地での立地の抑制である。需要旺盛な既成市街地での工場の新設を制限された行き場所を首都圏内で立地させる必要から、首都圏整備委員会は50キロ圏の市街地開発区域(現在の都市開発区域)に収用権のある工業団地造成事業の制度化を図るための法律を作ろうとする。

　昭和33年に制定された「首都圏市街開発区域整備法」は、当初案には地方公共団体は一団地の工業用地を使用、収用することができるという条項を入れていた。これに賛成する学者[注2]もいたのであるが、利潤を上げる企業の用地を造るという工業団地造成事業に公共性があるのかといったことを中心に議論を呼び、結局成案に至らなかった。

　したがってこの法律は、市街地開発区域を工業都市または住居都市として発展させることを法の目的とするものの、地方公共団体や日本住宅公団が事業計画に基づいて、市街地開発区域内において一団地の宅地を造成する場合において関係行政機関の長が、宅地造成が円滑に遂行できるよう配慮することという規定と、国は市街地開発区域の整備のための土地区画整理事業等を実施する公共団体に対し必要な資金の確保等の援助に努めること、という規定をするにとどまってしまったのである。

注2)　金沢良雄(北海道大学教授)論文　首都圏協会(昭和32年2月)

しかし首都圏整備委員会は、地帯収用の考えをあきらめたわけではなく、昭和37年に法律を改正して収用権を付与した工業団地造成事業の制度化にこぎつけた。これにより、工業制限というムチと工業団地造成事業というアメのセットが完成したのであった。

写真5-1　西部工業団地（工業団地造成事業）

5.5　収用権の根拠

それでは、工業団地造成事業が収用権付与となった理論的根拠を解明しておこう。

第一は、首都圏整備計画という上位計画に基づいていることである。昭和31年に制定された首都圏整備法は、東京の過大都市抑制を目指して首都圏全体としての秩序ある建設と発展を目的として制定され、我が国の都市化に伴って起こされている都市の人口問題、土地問題を解決していくという公共性が基本的に存している。

そして首都圏整備委員会が関係行政機関、関係都県および首都圏整備審議会の意見を聞いて整備計画を立てることとされ、その中の事業計画で工業団地造成事業が位置づけられたのである。こうした手続きを経た工業団地造成事業には公共性があるとされた。さらに、工業団地造成事業は都市計画事業として施

行される。都市計画決定および都市計画事業決定は関係地方公共団体や都市計画審議会の意見を聞き、最終的には建設大臣が決定するものであるから、公共性があることがオーソライズされるという意味で公共性が担保されているわけである。

第二に、しかし工業団地造成事業は造成された土地がすべて公共用に使用されるかというと、公共施設も2〜3割程度あるとしても大部分は産業用地という私企業に利用されるわけであるから、第一で述べた公共性があるからといって直ちに収用権が付与されるというわけにはいかないのである。

第三に、そこで施行区域が収用対象として適当であることが求められる。したがって施行区域は、工業都市として発展させることが適当な市街地開発区域の開発発展の中核となるべき相当規模の区域であり、その区域が建築物の敷地として利用されている土地が極めて少ないことが求められる。収用対象土地に建物などがあって人が利用していることは、その利用を排除して他人の利用に変更することが収用権の考え方にそぐわないからである。

第四に、都市計画によるオーソライズが必要である。都市計画は既に述べたように「永久ニ公共ノ安寧ヲ維持シ又ハ福利ヲ増進スル為ノ重要施設ノ計画」であるから、以下の要件を課すこととしたのである。

写真5-2　西部工業団地（工業団地造成事業）

① 既定都市計画制度に則ること

道路、公園、下水道等の都市計画は、都市計画区域全体を見渡して定められている。例えば道路計画は都市計画区域の全体をネットで組み合わせていて、ある地域だけを細切れに決めることはしない。そういった意味で公共目的に沿って決定されていくものであり、都市計画で定められた道路の計画との整合性が必要とされ、道路以外についても同様とされる。

② 都市計画事業として施行すること

都市計画事業は、都市計画法の規定に従って厳格な手続きによって決定されるものであるから、都市計画法の体系で収用権が付与される。その意味で、都市計画法は土地収用の基本法である土地収用法の特別法と位置づけられている。したがって都市計画事業として法律上構成されることが収用対象事業とされるのであるが、そのためには③④の要件が付加されていることも重要な点である。

また都市計画事業の施行者としては収用権を付与されるに適した者であることが要求されることから、地方公共団体（都県の一部事務組合を含む）と日本住宅公団に限定する。

③ 施行者に対する要件 ——処分計画の認可

収用対象事業である工業団地は民間に主として分譲される。いやしくも施行者との個人的な関係者等へ恣意的な処分をしたり工場を建設しない人へ譲渡することを避けるため、処分計画を建設大臣に提出することを義務づけ、建設大臣は必要に応じ変更を求めることができることとしたのである。

④ 譲受人の要件

収用対象事業の要件は、施行者のみならず、分譲宅地の譲受人にも及ぶこととした。

　（ⅰ） 建築義務

　　健全な市街地として発展するということは、出来上がった宅地が分譲されて、そこに工場が建ち生産活動が行われていくことである。分譲地がいつまでも空地になっていることは好ましくない。収用権を使った工業団地造成事業はこれを許すべきではないという議論を受けて、分譲地を購入した者は工期や工事概要に関する計画を都県に提供し、承認を受けた後、その計画に従って建築する義務が課せられている。

　（ⅱ） 造成宅地の権利処分

　　造成宅地の譲受人が他人へ転売して法の目的に沿わない土地利用になることは、収用対象の事業としては許されるべきではないので、10年間は権利処

分が制限され、造成宅地の処分をすることは都県の承認、住宅公団施行の団地の場合は首都圏整備委員会の承認が必要とされる。

　（ⅲ）　買戻権

　ⅰとⅱの建築義務および造成宅地の権利処分に違反した場合に施行者は、買戻権が付与されていて、この買戻権を行使して宅地の買戻をすることによって収用対象事業の工業用地に利用されることを確保しようとするのである。

5.6　新住宅市街地開発事業 ——面開発第二弾

　大都市の過大化防止策として既成市街地の工場立地を規制し、その受け皿として周辺地域で工業団地を造成し、しかもその工業団地に収用権を付与するという考え方は、住宅地開発への収用権付与へと発展していく。

　急激な都市化によって都市での住宅地の開発が急ピッチで進む。道路や下水道等の施設が整っていないところに無計画にどんどん建てられるようになり、これを秩序だった開発にしようと昭和39年7月に「住宅地造成事業に関する法律」が制定される。その要点は、都市地域への人口増加によって住宅地の開発が、十分な公共施設もないまま進められ、都市環境を悪化させていることから、一定規模の一団の土地の住宅地の造成をしようとする者は、施行地区、設計、資金計画からなる事業計画を定め都道府県知事の認可にかからしめることとしたのである。

　この法律は、昭和43年に制定された新都市計画法の開発許可制度の前身となるものであった。「住宅造成事業に関する法律」が民間の住宅地開発を対象としているのに対し、住宅地開発の需要はそれを超えるものがあり、公的開発の要請も高まってきていた。昭和30年に発足した住宅公団は、住宅団地の大量建設を東京をはじめ、大都市地域で盛んに進めていたし、関西でも大阪府企業局は千里、泉北ニュータウンを開発していたのである。

　こうした大都市への住宅地開発の需要に対して、政府の諮問機関である「住宅審議会」は昭和37年5月に長期の宅地供給計画を策定し、大規模な宅地開発手法を確立すべきことを答申する。その要点は、

① 　昭和45年度までの8カ年で新住宅地として2億2,000万坪が必要となるが、そのうちの1億4,300万坪を公的機関で供給すること

② 　事業施行の阻害要因となっている用地取得について収用権の付与、農地転用の円滑化、用地提供者の税法上の優遇措置を図ること

③　先買権を検討すること

であった。

写真5-3　都心地区（新住宅市街地開発事業）

　この答申を受けて昭和38年7月に「新住宅市街地開発法」が制定された。

　これまでの住宅地開発、特に日本住宅公団による公的開発では用地買収に常に苦労してきた。住宅地の開発は、なるべく広い面積の土地をまとめて取得することが好ましい。良い住宅地とするには、道路や公園などの関連公共施設を十分にとることが必要だからである。したがって買収を計画している土地のうち、どうしても取得できない土地が残ってしまうと全体の住宅地計画が立てられないことになり、そこでの計画を進めることができなくなったり、規模を縮小して小さな団地を造らざるを得ないこととなってしまう。結果的に、都市計画的には好ましくない開発となってしまうわけである。公的開発で住宅地開発をするなら、都市計画としても好ましいものを造っていくべきであるということになる。

　そうした要請に基づいて制定されたのが新住宅市街地開発法であり、それに基づく新住宅市街地開発事業である。

(1)　住宅地開発への収用権

　この法律の最大の問題点は、こうした大規模住宅地開発に収用権を付与できるか、収用対象事業となり得るかということであった。工業団地造成事業が、既成市街地から工場を追い出す工業等制限法があることが収用対象事業とされた重要な根拠の一つになっているのに対し、この住宅地開発事業には既成市街地からの追い出し法はないのである。既成市街地の外での需要があること、それへの対策が必要とされている点においては工場も住宅も同じであるが、追い出しを受けているか否かは相違しているのである。

　しかし、住宅地の開発が用地が買える場所に止めどもなく無秩序に広がって開発され、なかには道路も不十分で狭小な宅地にマッチ箱のように密集した住宅地開発も行われ、将来の都市計画にも支障を来している現状からみて、都市計画の観点からも好ましい住宅地開発をすべきという議論が高まり、何としても収用対象事業としての大規模住宅地開発事業の制度化を図るべし、というのが住宅審議会で議論されたわけである。

　住宅地開発事業は、個人が居住する住宅のための事業であって公のために利用するものではないから、通常の収用理論からは収用対象事業とはならないのは、工業団地造成事業について述べたことと同様である。しかし、理想的な大規模住宅地、ニュータウンを造るためには、こうした収用議論に耐え得る理論武装とその仕組みの合わせ技が必要となる。そこで次のような理論が構築されたのであるが、既に収用対象事業とされている工業団地造成事業で採り入れられた仕組みも活用されたのである。

(2)　収用権付与の理論的根拠

　新住宅市街地開発事業の収用権付与の理論的根拠は、以下のとおりである。

(a)　急激な都市化による都市人口の急増と住宅需要の急増

　昭和30年代の急速な都市化に伴う市街地人口と市街地面積の急増については既に述べたとおりであるが、住宅地の外延的拡大は、非常な勢いで進んでいたことから住宅地需要の増大という一般認識は通念となっていたといえる。

(b)　住区概念の導入

　新住宅市街地開発法第一条の目的で、健全な住宅市街地の開発をすると謳っているが、その健全な住宅市街地の具体的姿として「住区」という概念を法律上明記したのである。すなわち住区とは、1ヘクタール当たり80人から300人を基準としておおむね6,000人からおおむね1万人までが居住することがで

きる土地と規定する（法第2条第1項第一号、現在は第2条の2第1項第一号）。人口規模と人口密度によって必要な面積が決まるが、郊外地での開発の場合は標準的にはヘクタール100人、1万人とすると100haとなるのである。この住区概念は欧米で唱えられてきた考え方であり、図5-1のように道路と公園が整然と整備され、四つの小学校区に分かれた図式を標準パターンとしているのである。

こうした理想的な住宅地を造ることが公共性を具備するという考え方を支える、と考えたのである。

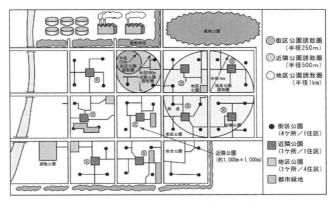

(出典：宮崎県ホームページ)

図5-1　住区模式図

(c)　施行区域の特定

収用対象となる土地の特定は、需要面と供給面での合理性が必要である。
①　需要面での合理性
人口集中により宅地が著しく不足するおそれのある大都市区域
②　計画面での合理性
一以上の住区を構成すること

(d)　都市計画によるオーソライズ

工業団地造成事業と同様に、以下のような都市計画によるオーソライズが必要とされる。
①　都市計画制度に則ること
道路、公園、下水道等の都市計画は、都市計画区域全体を見渡して定められ

ている。それまでの住宅開発は、住宅地造成事業でも必ずしもこうした考え方に従わなくてよかったのであるが、収用権が付与される新住宅市街地開発法では、全体の都市計画との整合性を求められることとされた。

② 都市計画事業として施行すること

都市計画事業は、都市計画計画法の規定に従って厳格な手続きによって決定されるものであるから、前述したように都市計画法の体系で収用権が付与されるという土地収用の基本法である土地収用法の特別法と位置づけられている。したがって、工業団地造成事業と同様に都市計画事業として施行することが必要とされる。

③ 施行者に対する要件 ──処分計画の認可

収用対象事業である新住宅市街地開発事業は主として民間に分譲されるものであるから、公募といった公正な方法かつ適正な譲受人に譲渡されなければならない。いやしくも施行者との個人的な関係者等へ恣意的な処分をしたり、住宅に困窮していない人に譲渡することを避けるため、まず事業計画自体も届出制にして、特定人への譲渡を前提としていないかのチェックができるようにするとともに、処分計画自体を建設大臣の認可にかからしめるようにしたのである。この考え方は工業団地造成事業の際と同じ議論である。

④ 譲受人の要件

収用対象事業の要件は、施行者のみならず、分譲宅地の譲受人にも及ぶのである。

（ⅰ） 建築義務

健全な市街地として発展するということは、出来上がった宅地が分譲されて、そこに住宅が建ち、人が居住していることである。分譲地がいつまでも空地になっていることは好ましくない。国等の補助金を貰って造られた土地区画整理事業で出来上がった宅地が、なかなか住宅が建たず空地になっていることがよく批判された。収用権を使った新住宅市街地開発事業はこうしたことを許すべきではないという議論を受けて、分譲されてから3年以内に建築すべきことを義務づけたのである。

（ⅱ） 造成宅地の権利処分

工業団地造成事業と同様、10年間の権利処分の制限が付けられている。

（ⅲ） 買戻権

ⅰとⅱの建築義務および造成宅地の権利処分に違反した場合に、施行者は買戻権が付与されていて、この買戻権を行使して宅地を買戻し、それを再び

公募により譲渡して処分計画で認められた住宅が建築される。これは新住宅市街地開発事業に収用権を付与するため新たに設けられた要件である。

(ⅳ) 先買権

新住宅市街地開発法では、西独の連邦建築法で規定されている先買権を我が国で初めて導入することになった。多数の土地を買収する事業では、買収を進めていくにつれ土地の値段が上がっていってしまい、当初予定していたよりも用地費が高くなることが往々にしてあることから、こうした連鎖的土地の値上がりを防ぎ、事業を効果的に進める仕組みとして先買制度が作られたのである。

すなわち、都市計画事業の認可の告示があった後、事業地の土地所有者が土地を売却しようとする場合は、施行予定者に予定対価の額などを届け出なければならないこととし、施行予定者は三十日以内にその予定対価の額で買い取ることができることとしたものである。先買権は正確には収用権付与のための要件ではないが、収用権対象事業が円滑に行えることも収用事業としては望ましいことから、工業団地造成事業にはない制度として設けられたのである。

以上、5.4 節と本節に述べた工業団地造成事業および新住宅地開発事業は、筑波研究学園都市において都市計画決定、都市計画事業決定しているのである。

5.7　流通業務団地 ──面開発第三弾

過大都市抑制論は、昭和 30 年代後半になると工場、住宅の問題から問屋、倉庫などの流通業務機能が都心に集中することによる交通混雑が問題となっていくのである。

昭和 37 年に建設大臣の諮問機関として設置された"大都市開発問題懇談会"は翌 38 年 3 月に第 1 次中間報告を出し、その中で、「都心およびその周辺の問屋、市場、倉庫等の流通業務施設は、区部周辺の地域と交通条件を整備して移転すること」としたのである。都市人口の増大や産業の集中によって物流が増大すると、従来から既成市街地にあった問屋や倉庫などの物流施設に出入りするトラックなどの自動車は当然交通の混雑をもたらし、都市全体の交通を混乱におとしいれる結果となることから、こうしたトラックターミナルを高速道路の利用が便利な区部周辺部に集団的に移転することによって交通問題を軽減し、

物流の事業も効率的になることが期待されるからである。

このための民間ベースでの流通センターの計画が進められたが、用地取得がうまくいかず、流通センターの公共性と緊急に整備して交通問題に対処しなければならないことから、収用対象事業とすることが検討され、面開発第三弾としての「流通業務市街地の整備に関する法律」が昭和41年7月に制定された。

この面開発の特徴は経済企画庁長官、農林大臣、通商産業大臣、運輸大臣と建設大臣の五大臣が協議して「流通業務市街地の整備に関する基本方針」を定めて、公共性をオーソライズし、これまでの面開発の手法を採り入れて、流通業務地区の指定、流通業務団地の都市計画に基づいて流通業務団地造成事業を都市計画事業として施行することを定めたことである。そしてこの流通業務団地造成事業にも収用権、先買権、買収請求権、処分計画に基づく制限といった収用対象事業の面開発としての必要な規定が盛り込まれたのである。

このように急激な都市化の時代に突入した昭和30年代は、面開発事業が花盛りだったのであるが、筑波研究学園都市もこの面開発の成果を取り入れ、土地区画整理事業、工業団地造成事業、新住宅市街地開発事業を広範囲にわたって使い都市建設を展開してきたのである。

[参考文献]
1) 建設省計画局宅地開発課編「新訂解説 新住宅市街地開発法」、大成出版社、1971年1月
2) 上田 篤「新住宅市街地開発法について」、建築雑誌、昭和63年11月号(Vol.78 No. 932)
3) 流通業務市街地整備法研究会「流通市街地整備法の解説」、大成出版社、1994年9月
4) 東京都議会局「国会政府機関の審議会にあらわれた東京都の制度に関する資料 第4」、東京都議会法制部、1962年

第6章　新都市計画法
——都市化時代の法体系の確立
　　新法での学園都市づくり

6.1　新しい衣へ

　昭和43(1968)年は我が国の都市計画にとって記念すべき年であった。新都市計画法が制定されたのである。西欧都市計画の七つの原則、すなわち都市の過大な膨張は好ましくなく、グリーンベルトを造りその外側に自立した田園都市を造り、交通体系を整備し、広域計画によって都市の配置を決め、土地利用規制を整えるといった考え方に基づいて市街化区域、市街化調整区域の区域区分を設けて、開発許可制度という土地利用規制の仕組みが都市計画法体系の中に初めて組み込まれた。アムステルダムの七原則が決められた大正24(1913)年からなんと55年後のことだった。

　欧米では受け入れられていた土地利用規制は、明治憲法下で公権力が強かった時代においても、我が国では土地所有権が強く、厳格な土地利用規制を受容する都市計画的土壌を欠いていたといえるのである。

　我が国の都市計画は既に述べてきているように、施設計画論、土地区画整理手法論によって積み上げられてきたこと、いわゆるプランナーという欧米の都市を推進してきた専門家が育たなかったこと等もあって、土地利用規制の仕組みがなかなかできなかった。かいつまんで言えば、建築物の用途と接道義務を果たしていれば土地利用が可能であり、形態とか、景観とか、隣地との関係とかは、欧米流の細かい規制がなされてこなかった。しかし昭和30年代の急激な都市化は、それを許せない状態になってきていたのである。

　戦後の我が国では、戦災を受けた215の都市の戦災復興土地区画整理事業が実施されてきたことは第3章で述べてきたとおりであるが、同時に政治的な課題としては住宅問題も焦眉の急を要するものであった。戦災で失った住宅420万戸を再建して居住の安定、早期回復を目指した住宅政策が実施される。昭和25年には住宅金融公庫法、翌26年には公営住宅法が制定され、国民生活も安定していくようになる。

　第5章で述べたように、昭和25年の朝鮮戦争による特需を契機に我が国経

済が息を吹き返し、昭和30年代の驚異的な経済成長へとつながっていくこととなるが、昭和30年には住宅公団法が制定され、大都市地域を中心にいわゆる"公団住宅"が建設されるようになり、大型の住宅団地が建設され、経済の発展に伴って人口と産業の都市への集中が加速していくことになる。

昭和30年代後半からの高度経済成長に伴う都市への人口と産業の集中は、住宅、宅地需要の波が都市地域に押し寄せてきたことを意味する。山林や農地が急激に宅地化されていったのである。こうした旺盛な宅地需要は、必然的に地価を押し上げていくこととなる。そしてそれは、強力な地価対策が求められることになり、それが土地利用計画の確立、すなわち都市計画法の改正へとつながっていくことになる。

土地問題、地価問題は、こうした議論の中で"土地利用計画が確立されていないからである"という方向づけがなされていくようになっていく。バラ建ちを許してしまうような都市計画が地価高騰を許諾しているため、地価問題の解決のためにはバラ建ちをさせない利用規制を伴った土地利用計画の確立が必要であるという議論である。

我が国の都市計画が模範としてきた英国の都市計画は、強い土地利用規制の上に成り立っているのに比べ、日本の都市計画制度は規制力が弱い。英国では都市・地方計画法(Town and Country Planning Law)があって、住宅などの開発は許可制となっているのに対し、日本では、建築基準法は法律で規定された条文に適合していることが確認されれば、すぐ確認を受けて建てられるため"建築自由の原則"と称されているほど、建築行為をする自由度が高い。このことが結果的に地価高騰を招き、地価対策が政治の重要な課題として取り上げられるもとになったのである。

戦後我が国は新憲法を制定し、旧憲法下の法律を次々と改正したり、新しい立法を行ってきた。**表6-1**に、簡単に主要な建設関係の立法の沿革を記してある。新憲法下の民主主義の原則、地方自治の原則などによって古い法律を改正して新しい国家を造り上げていく必要に迫られていたからである。戦争によって荒廃した国土を造り上げていく基本法ともいえる国土総合開発法(昭和25年5月制定)をはじめとして、昭和20年代の後半から立法が続いていくことになる。形式的にも旧憲法下の法律は片仮名であったから、これを平仮名の法律にしていく必要にも迫られていたのである。

その後、道路、住宅、都市公園、下水道等が衣替えをし、土地区画整理は、耕地整理法が昭和24年6月に片仮名法から平仮名法になった後、廃止された

片仮名法の旧耕地整理法を使っていた変則状態から、新しく土地区画整理法を昭和29年に作ったことは第3章で述べたとおりである。また戦前にはなかった広域計画である首都圏整備法の制定を受けて、工業団地造成事業、新住宅市街地開発事業、流通業務団地造成事業といった面開発が、続々と昭和30年代後半から登場することも第5章で述べたとおりである。

表6-1 戦後の建設関係の立法経緯

国土総合開発法	昭和25年
住宅金融公庫法	25年
公営住宅法	26年
道路法	27年
土地区画整理法	29年
住宅公団法	30年
首都圏整備法	31年
都市公園法	31年
下水道法	33年
首都圏市街地開発区域整備法	33年
新住宅市街地開発法	38年
河川法	39年
流通業務市街地の整備に関する法律	41年
都市計画法	43年
都市再開発法	44年

そして、水利権という水利用をめぐる議論のある河川法も昭和39年に新法が成立すると、旧憲法下の主要な片仮名法は建設省関係では都市計画法のみとなっていて新しい衣に替えなければならなくなっていた。

都市計画法が片仮名法になかなか衣替えできなかった理由はいろいろあると思われるが、ここでは二点を挙げておこう。

第一点は、都市計画法は各省にわたる施設を取り込んでいるため、関係各省とも関心が高く、都市計画の主管大臣をどうするかが大きな問題となることである。都市計画として決定され得る施設は、道路、河川、公園、下水道といった建設省所管の施設ばかりでなく、港湾、鉄道、軌道、飛行場、水道、学校、図書館、市場、墓地、火葬場、塵埃焼却場等の各省所管の施設が並んでいるから、各省とも意見を言うことになるのである。

このように各省にまたがる施設を都市計画で決めることから、旧都市計画法第3条は次のように規定されていた。

第三条第一項（都市計画等の決定及び認可）

都市計画、都市計画事業及毎年度執行スヘキ都市計画事業ハ都市計画審議会ノ議ヲヘ経テ主務大臣之ヲ決定シ内閣ノ認可ヲ受クヘシ 　　　（傍点　筆者）

すなわち、都市計画、都市計画事業、執行年度割の決定権は主務大臣である建設大臣にあるものの、各省を統括する内閣の認可を受けるというのが法の建前である。各省にまたがる権限を一人の主務大臣（戦前は内務大臣であったが、戦後は建設大臣）だけで決められないこととされているわけである。ただし昭和18年に制定された「都市計画及同法施行令戦時特例」により、行政簡素化の観点から勅令で認可を不要とすることが定められ、主務大臣が単独で決定できることとされ、それが戦後も継続していたのである。

戦時中の特例とはいうものの、戦時中は各省の数も少なく内務省自体が強大な官庁であり、しかも法適用都市が少なかったこともあり、件数も膨大とはいえなかったようであるが、戦後は戦災復興都市も多く、それぞれの都市で新しい都市づくりをするようになると、都市計画決定、都市計画事業決定の数は戦前の比ではなくなり、自治体が原案を作り国が決定していくという事業の流れで、決定権者が多数にわたるようなことの混乱を考えると、改正の発意になかなか至らなかったのが実情であったといえる。

第二点は、都市計画法体系の性格によることである。すなわち、旧都市計画法の性格は手続規定であって実体規定ではなかったことである。都市計画の種類を決め、都市計画と都市計画事業決定の手続きを決めている法律であって、都市計画とは何であるのか、どういう目的で実施していくのか、土地利用のあり方や土地利用の規制といった実体規定がほとんどないことから、必要により手続きの規定を改正することによって抜本的改正をしなくても困らないのである。

旧都市計画法は、ある意味ではよくできていた法律で、都市計画や都市計画事業の決定手続きを中心としたいわゆる"手続法"であるため、都市計画の内容が変わっていってもそれに十分対応できてきたのである。

例えば地域地区についていえば、

旧法第十条第一項

都市計画区域内ニ於テ建築基準法ニ依ル地域、地区又ハ街区ノ指定、変更又ハ廃止ヲ為ストキハ都市計画ノ施設トシテ為スヘシ

と規定するにとどまり、地域、地区または街区の実体的内容は建築基準法に規定されていて、旧法制定当初にはなかった空地地区、高度地区、特定街区等の地域地区はそれぞれ建築基準法を改正して創設されてきたのであり、市街地開発事業についていえば、例えば、新住宅市街地開発事業は昭和38年に新住宅市街地開発法が制定された際、

旧法第十四条
　都市計画区域内ニ於ケル土地ニ付テハ健全ナル住宅市街地ノ開発及居住環境ノ良好ナル住宅地ノ大規模ナル供給ヲ図ル為新住宅市街地開発法ノ定ムル所ニ依リ新住宅市街地開発事業ヲ施行スルコトヲ得

と規定するにとどまっている。すなわち、実体的規定は別法に、手続的規定または都市計画として決定する根拠規定のみが都市計画法に規定することにより、時代の要請によって地域地区とか市街地開発事業等の新しい都市計画の制度が創設されることに柔軟に適応できる法律であったのである。

　これが大正8(1919)年から昭和43(1970)年までの半世紀にわたって都市計画法の基本的な仕組みが持続してこられた由縁であったといえる。

　この手続法としての性格を有する我が国の都市計画法は、残念ながら、急激な人口と産業の都市集中といった都市化の時代に対応することができなくなってきた。すなわち、旧都市計画法では英国の都市・地方計画法にあるような開発行為や建築行為を規制する土地利用規制手段を持っていなかったこと、またフランスの法律のように優先的に市街化を進めていく区域とそれ以外の区域を定めて土地利用をコントロールするという手法を兼ね備えていなかったからである。

　土地利用規制という点では、建築基準法に規定する用途地域の制度によって土地利用を誘導し、規制をしてきたのであるが、この用途地域制は、経済の急速な発展からもたらされる膨大な土地需要が、限りなく郊外地の農地、山林を宅地化させ、しかも無計画にかつ必要とされる道路や下水道といった都市施設もない場所に"バラ建ち"として市街化されることを規制するには無力だったのである。

6.2 地価高騰という外圧

　こうした状況から片仮名法律の改正になかなか踏み切れない状態の中で、外からの土地問題という課題が都市計画に押し寄せてきた。日本経済の復興、それに続く経済成長は国民にプラスの面を多く与えてきた一方で、好ましからざる結果をもたらした。その一つが地価の高騰である。

　昭和30年代は現在のような地価公示制度はなく、日本不動産研究所が発表する全国市街地価格指数が地価の動向を知るデータであった。それによると昭和30年代は地価は一貫して上昇を続け、全国の市街地価格は昭和42年3月までに昭和32年3月に比べて9.3倍の値上がりを示しており、同じ時期の日銀の卸売物価指数が11％しか伸びていないのであるから、物価との比較では8.3倍の較差があるほどの地価の飛び抜けた高騰によって、国民生活への影響がゆるがせにできない状態になってきたのであった。

　経済活動が活発になれば、生産活動などの企業活動のために土地需要は増大し、所得倍増計画によって企業の土地需要がさらに高まり、他方持家政策による家計の所得の増加により住宅地需要が高まり、都市を中心にして地価が上昇することになってくる。土地の需要は土地価格を上昇させ、価格上昇は売り惜しみの増大をもたらし、それがさらに地価上昇へと連鎖する。しかも売り惜しみによって土地需要の対象地が郊外の遠隔地へと限りなく伸びていき、無秩序に開発が進んでいくことになってきたのである。

　土地需要が増大すれば価格は上昇するのは当然であるが、土地の財は他の財とは異なった特徴がある。生産財についていえば、需要が増加すれば一定の価格上昇がもたらされるが、反面、供給増によって価格を下げて需要増がもたらされることによって、総体利益を上げるという作用が働く。しかし土地という財は簡単には供給増はできない。干拓や埋立等の例外を除いて、土地という財は供給増のない有限財だからである。したがって、需要圧力が強ければ強いほど地価が上昇することになる構造を有している。したがって日銀の卸売物価指数が示すように、生産財の値上がりが11.6％ほどなのに地価は9倍も高騰したのである。

　昭和30年代からの旺盛な土地需要に対して、工業地については過大都市抑制と既成市街地の環境悪化の観点から、既成市街地での工場の新増設を制限して、概ね50キロ圏内を中心に工業団地を造っていくこととし、住宅についても宅地の大量供給方策をとって、新住宅市街地開発法を制定して、公的宅地開

発によって良好な住宅地を造る政策を進めてきたのである。

しかし、それでも宅地価格の高騰は止まらず、経済的にも社会的にも我が国の大きな問題に発展していった（表 6-2）。

表 6-2　全国市街地価格推移指数表

(昭和 30 年 3 月＝100)

年　次	全国市街地価格指数(A)	日銀卸売物価指数(B)	$\dfrac{A}{B}$
昭和 30 年 3 月	100	100.1	1.00
〃　9 月	106	98.6	1.08
31 年 3 月	114	100.5	1.13
〃　9 月	127	105.7	1.20
32 年 3 月	146	107.6	1.36
〃　9 月	162	105.2	1.54
33 年 3 月	178	100.7	1.76
〃　9 月	197	97.7	2.02
34 年 3 月	220	99.5	2.20
〃　9 月	248	101.0	2.46
35 年 3 月	280	102.6	2.73
〃　9 月	330	102.1	3.23
36 年 3 月	399	102.9	3.88
〃　9 月	467	104.1	4.49
37 年 3 月	507	102.4	4.95
〃　9 月	551	100.9	5.46
38 年 3 月	594	102.7	5.78
〃　9 月	633	103.7	6.10
39 年 3 月	677	103.6	6.53
〃　9 月	726	103.6	7.01
40 年 3 月	768	104.1	7.38
〃　9 月	789	104.6	7.54
41 年 3 月	808	107.3	7.53
〃　9 月	832	108.7	7.65
42 年 3 月	875	110.7	7.90
〃　9 月	929	111.6	8.32

（不動産研究所調べ）

こうした状況下にあって、昭和 35（1960）年に建設省は「宅地総合対策」を発表する。その要旨は、

① 大都市の機能分散と、新産業都市、工業整備特別地域などの産業都市の育成等により、宅地需要の分散を図る

② 政府施策住宅の増加等によって、宅地需給の緩和を図る
　③ 都市再開発や土地利用計画の確立等により宅地の合理的利用を図る
　④ 宅地造成の促進を図る
　⑤ 土地の評価機関の確立や公共用地取得制度に検討を加えて、宅地取引の秩序化を図る

というもので、宅地対策の基本的方向を網羅的に示したのである。実際に以後の土地政策は、この「宅地総合対策」を順次実現していくことになる。

　こうした施策の基本方向に従って次々と施策が打ち出されていく。既に首都圏整備委員会や経済企画庁で進められていた首都圏の近郊整備地帯、都市開発区域での工業都市、「新産・工特」と言われた新産業都市、工業整備特別地域といった地方での産業都市の育成に加えて、昭和38年の新住宅市街地開発法によるニュータウン開発、昭和41年の住宅建設五カ年計画等の土地供給増加を図る施策が講じられた。昭和35(1960)年には地価対策閣僚協議会が設置され、政府全体として地価対策に取り組むことになる。

　そして昭和37(1962)年、宅地対策についての宅地制度審議会が建設省に設置され、宅地価格の安定、宅地の流通の円滑化、宅地の確保および宅地の利用の合理化を図るための制度の措置について諮問がされ、本格的に宅地問題について取り組むようになっていった。この審議会では不動産鑑定評価等の土地の評価のあり方についての答申が行われた。しかし、この審議会は二年限りのものとして臨時的に設置されたものの、宅地問題の解決には多くの課題があることから、翌昭和39年に名称を宅地審議会と変更し、審議を続行することとなる。

　宅地対策がこのようにして進められていったにもかかわらず、経済の高度成長を背景に地価の高騰が続き、地価高騰は土地利用計画がないからであるという議論へと発展していく。

　すなわち、都市へ集中してくる人口による住宅地の需要は郊外地の利用可能な土地への取得に向かう。経済成長に伴い可処分所得が増え、かつ、住宅金融公庫の長期・低利融資で住宅取得が容易になることから、地価上昇分を飲み込むことが可能となり、宅地需要へはずみがつくこととなる。

　一方、地主サイドとしても土地の値段が高い方が好ましいわけで、それが土地価格を上昇させる結果をもたらす。さらに、ひとたびある土地に値段がついて売買されると、それ自体が地価上昇をもたらし、その値段と同じ値段で土地を買う人は、その土地より遠方の土地を買わざるを得なくなる。すると、前に買われた土地の値段は当然値上がりする。売り手が所有者の場合、一度に土地

を手放す必要は一般的にないから、切り売り程度しか土地が供給されないと、供給地はさらに遠方へと拡散していく。住宅需要が強ければ強いほど、新たな住宅地は平面的に拡大していくこととなり、それが地価を高騰させていくメカニズムとなってしまっているのである。

さらに悪いことは、こうして取得された土地に建てられる住宅は、建築基準法が4m以上の道路に接していれば建てられることになっているため、仮にその地域に多くの住宅が建てられても、道路も下水も不十分なまま住宅が建ち並ぶという事態が起きてしまうわけである。こうした都市づくりという観点から、無計画な開発を"バラ建ち"と称し、"スプロール現象"というのである。

6.3　地価対策閣僚協議会

このように地価対策は国政の重要課題になっていき、その解決の方策として土地利用計画を立てるべきという方向に傾斜していく。昭和39(1964)年11月、総理大臣池田勇人の死去で総理となった佐藤栄作は、池田内閣の閣僚を留任させたが翌昭和40(1965)年8月に内閣を改造して内政の最重要課題として土地問題を取り上げて力を入れていく。昭和41年5月10日の衆議院本会議で佐藤総理は社会党岡本隆一議員の質問に、地価対策をすることの必要から、そのためには土地利用計画の確立が必要であると答弁している。そして内閣に地価対策閣僚協議会を設け、11月には以下の方向性を出すに至る。

現下の緊急措置として、
① 宅地の大量で計画的な供給
② 既存市街地の高度利用
③ 土地収用法の改正や土地の先行取得の推進
④ 土地の譲渡益への課税等の土地税制の改正

を実施をすべきこと。

基本的に講ずべき事項として、
① 市街化区域等の区域区分をする土地利用計画の策定
② 地価公示制度等の合理的地価形成

が決められる。

これに基づいて、まず土地収用法の改正案が昭和41(1966)年の国会に提出される。この法案は、公共事業の施行にあたってゴネ得による地価高騰の防止を図ろうとするものであった。すなわち、公共事業を執行していくには用地買収

が必要となるが、地価の上昇傾向にある中で、地主は高値でないと買収に応じなくなり、それがどんどん地価を押し上げ、とめどない地価高騰をもたらす。公共事業をする際土地収用法の事業認定をとるのが通常である。従来は任意買収がまとまらないとき、土地収用法により収用委員会の裁決をもらって事業者は土地を取得するのであるが、買収価格はその裁決時とされていた。裁決までには時間がかかり、公共事業の完成を当て込んで地価が上昇していくことから、事業開始のときの事業認定時で土地の値段を凍結して、ゴネ得を防止しようとするものであった。

しかしこの法案は、公共事業によって土地の値段が上がるという開発利益を享受してきた当時の土地所有者には、極めて抵抗が強く、国会でもなかなか成立しない状況にあった。そして地価対策、土地対策は土地利用計画がないからであり、早急に土地利用計画を確立すべきという議論につながっていったのである。

地価の高騰への対策の決め手とされるようになった土地利用計画の樹立という要請は、佐藤内閣の内政の最大の課題となったという外的条件によって、逡巡してきた都市計画法の改正を念頭に置いた土地利用計画の確立の必要の強まりによって宅地審議会へ「都市地域における土地利用の合理化を図るための方策」の諮問がなされる。

6.4　宅地審議会第六次答申

「都市地域における土地利用の合理化を図るための方策」は、昭和42（1967）年3月27日に宅地審議会第六次答申としてまとめられた。この第六次答申こそが新都市計画法の基礎となったエポックメーキングの答申である。答申では、急激な都市化に伴う地価高騰、土地利用の混乱という現下の問題の所在を"バラ建ち"という単発的開発によって無秩序に市街化が進行するスプロール現象にありとし、その原因として、こうした市街地の開発を計画的に誘導することができなかったこと、道路、下水等の宅地として必要な基礎的施設がなくても宅地として市場性を持ち得ること、しかもこうした土地に対しても道路等の公共施設の整備は公共の責任にされていることを挙げる。

こうした問題を解決するために合理的土地利用計画の確立が必要であり、その土地利用計画は単なるマスタープランではなく、法的規制力を持ったもので、大要、次のような制度的措置を講ずべきとしたのである。

第一に、土地利用計画の確立として地域区分を決めて、その区分ごとに土地利用の規制、誘導、都市施設の整備を行うべきとして、積極的に市街化すべき地域では市街地の開発を計画的に行い、公共投資も集中的に実施し、当面市街化を抑制すべき区域では、計画的大規模な開発を除いて開発を抑制し、段階的な市街化を図る。

　第二に、そのための手段として、建築行為、宅地造成等の一定の開発行為を許可制（開発許可制度）とし、地域区分ごとの基準を設けて市街化を誘導する。

　第三に、バラ建ちにより無秩序に広がる市街地への公共投資を秩序あるものとするため、市街化すべき地域では先行的、集中的に投資し、市街化を抑制する地域では公共投資を行わず、そこでの開発による開発利益を享受する開発者の負担で整備する。

　第四に、都市計画決定権者は、都市計画が広域的配慮が必要であることから都道府県知事とすることとし、関係市町村の意見を聞くとともに計画の内容の合理性を確保するため都市計画審議会の議を経ることとする。ただし、一定規模以上の市については案の作成は市長が行い、それを知事が決定することとする。

　この答申を受けて、準備していた新都市計画法案を建設省は各省に提示して折衝を始める。予想されたように各省から多くの意見が出され、各省折衝は難航を極めた。しかし、内閣の重要課題とされていたこともあって3カ月かけて閣議決定にこぎつけたのであった。新都市計画法案が昭和42（1967）年7月第55国会へ提出されたのは通常国会の会期末であったため、法案は継続審議とされ、翌昭和43（1968）年6月第58通常国会で成立することになる。

　法制的にも政策的にも議論された点が多かったこの法案は、各省折衝や内閣法制局審査で審議会答申とは異なったものとなった。新都市計画法の制定の主たる二つの目的である土地利用計画の確立と行政事務の再配分（国の事務から地方の事務への移譲）に限ってまとめておくこととしよう。

　① 　土地利用計画の確立[注1]

　答申では土地利用計画の対象となる地域を四つに区分して、それぞれの地域ごとに規制、誘導、都市施設の整備を行うことを提唱していた。

注1）　新しい都市計画法の基本をなす土地利用計画に関しては、英国の「都市農村計画法」による計画許可制度、フランスの「都市計画・住宅法」による優先市街化区域制度等が参考とされたが、紙面の都合でここでは割愛している。

イ. 既成市街地

既に連坦する市街地では用途の純化、再開発を進め、未利用地については農地転用許可を不要として、農地については宅地なみ課税を課すこととする。

ロ. 市街化地域

一定期間に市街化すべき地域とし、集中的に幹線的な公共施設を公共の負担において先行的に整備し、良好な住宅地開発を行うよう必要な開発基準を設けて規制し、農地転用、税制も既成市街地と同様に扱う。

ハ. 市街化調整地域

市街化の構想が未定であり、段階的、計画的市街化を図るため、一定期間市街化を抑制または調整する地域で、市街地として開発するための公共投資は原則として行わない。したがって大規模に計画的に開発するもの等を除き開発を認めず、このため農地転用を原則として認めず、例外的に認める開発を除いて電気、水道、ガスの供給義務を排除する。

ニ. 保存地域

歴史、文化、風致等からみて保存すべき地域や緑地で、原則として開発を抑制する。特に必要がある場合は土地を買取る措置を講じるものとし、固定資産税の軽減措置を講ずる。

(写真提供：UR 都市機構)

写真 6-1　筑波研究学園都市(昭和 43 年)

そして開発許可制度を創設し、建築行為、宅地造成等の一定の開発行為を規制するとともに、公共投資のあり方として市街地の根幹となるような幹線道路、下水道幹線は国および地方公共団体が整備し、これらに接続する線的な道路や排水施設は開発利益の帰属の公平のため開発者の負担において整備するという原則を明確にする。

② 事務の再配分

旧都市計画法では、都市計画および都市計画事業はすべて国の事務とされてきた。制定当初は近代都市計画を実施するスタッフの数と質の点からいっても、また、都市計画法を適用する都市も少なかったから当然であったとしても、その後適用都市も広がり、かつ、都市計画の種類も増えていき、戦後の地方自治の考え方からいっても国の事務としておくことは問題とされてきた。したがって、都市計画事務の国から地方への事務配分も新都市計画法制定の大きな理由となったのである。

都市計画は"まちづくり"であり、まちづくりは市町村の固有の事務であるとする考えと、最近の都市化の状況から都市は一つの市町村を超えて発展してきているほか、首都圏、近畿圏といった大都市圏ばかりでなく、新産業都市、工業整備特別地域といった国の政策で都市計画の整備を図ろうとする地域、さらには、県庁所在都市のように広域的見地から都市づくりが必要とされる都市計画の広域化を重視する意見もあり、答申では広域主義の考え方をとって都市計画決定主体を都道府県知事としたのであった。

この答申のまえがきに「政府がこの答申に基づいて、万難を排し、すみやかに立法上、財政上等所要の措置を講ずることを要望する」と書かれていたが、新都市計画法の各省折衝は熾烈を極めた。

都市計画は、道路、河川のように線的な広がりでなく、面的に広がっているものを対象としていることから、これには多くの省庁が関係し、道路、河川、住宅、建築といった同じ建設省内ばかりでなく、交通、産業、文教、環境等各省に広く関係することを扱っているため、今回の改正で都市計画の決定を地方自治体へ降ろすことになると、一層各省との調整が必要となるからである。通例、政府提案の法律を提出する際に各省折衝が行われ、必要に応じて各省間の覚書が交わされるが、新都市計画法のときは、各省折衝は外務省を除いてすべての役所との折衝にわたり、覚書もかなりの量となった。その意味でも新しい都市計画法は、地価高騰対策として土地利用計画制度の確立を内政の最重要課題として取り組んだ佐藤内閣の力によるものが大きかったといえる。

佐藤総理自身も並々ならぬ決意で、法案の採決が行われる予定の昭和43年4月19日に総理自ら衆議院建設委員会に出席して、答弁。これにより都市計画法案の委員会可決がなされたのであった。通常、我が国では総理大臣は本会議と予算員会に出席し、質疑するのであり、建設委員会などの通常の委員会に出席することはないのである。しかもこの都市計画法案の審議の重要性から、建設大臣には当時の政界の実力者保利茂を佐藤総理は任命し、法案成立は保利大臣の見識と政治力によるところが大であった。

6.5 三つの論点

この答申を受けて建設省は法案作成作業に入る。旧憲法下で制定されてきた片仮名で書かれた立法のうち主要なものは、新憲法下で次々と平仮名の法律へと衣替えをしてきた中で、都市づくりの基本法たる片仮名法のままで制定後50年を経てきている旧都市計画法を改正しようとしていること自体が大変なことである。しかも新しい開発許可制度という規制を伴った土地利用計画の法案を作成して、西欧の都市計画制度と同等の立法を行おうとするから大変である。さらに地価対策の一つの決め手として世間の注目を集めていることに加えて、旧法がもともと内閣の認可を必要としていたことから、都市計画が各省行政と関係すること大であることからいっても、政府部内での合意を取ることも大変な作業となることが予想されていたのである。

政府部内での検討作業においても、各省からは様々な意見が出されたのであるが、大きな論点は三つであったといえる。それは市街化区域などの地域区分と開発許可制度の創設、農業との土地利用の調整、地方自治との関係から都市計画決定権である。

(1) 市街化区域・市街化調整区域と開発許可制度

新都市計画法の土地利用計画制度の核となる地域区分と開発許可制度は、法案段階ではかなり変更を余儀なくされた。

まず第一に既成市街地、市街化地域、市街化調整地域、既存地域という四つの地域区分が市街化区域と市街化調整区域という二区分にまとめられた。これは、それぞれの地域区分ごとに開発許可の基準が異なることや、税制等の他の施策も地域ごとに異なることを進めようとするものであるため、複雑化してわかりにくくなるおそれがあることから、法制審議の過程で二区分にすることが

決められたのである。しかも市街化区域は、答申では一定期間に市街化をする地域と書かれていたのであるが、法案では、おおむね十年以内に優先的かつ計画的に市街化を図るべき区域として、既成市街地という既に市街地を形成している区域と併せて市街化区域としたのである。

　期間をおおむね十年以内と規定したのは、公共投資も十年以内に市街化区域で重点的に投資すべきであることを法的にも明記したもので、これまでの"バラ建ち"によるスプロールで後追い投資を強いられていた都市サイドが開発行為を市街化区域に認め、それ以外では認めないという考え方からすれば、後追い投資の分を市街化区域で優先的に投資しなければ健全な市街地を造っていこうとする理念にも合致しないからで、民間開発の規制に呼応して公共サイドの責務を明文化したものである。

　このような法律論に加えて実務的議論も各省との間でなされた。それは市街化調整区域をめぐる議論である。これまで建築自由の原則で建築基準法に適合していれば建築できていたことが、市街化調整区域では建築ができないことになる。道路、公園などを十分とった大規模開発は市街化調整区域でも認めるべきと答申でも謳っていたので、これを条文に入れることは前提となっていたのであるが、これでは収まりがつかなかったのである。

　① 農林漁業用の建物や農家等の住宅
　② 道路、河川、公園等の公共施設
　③ 電気、ガス、水道、下水道等のライフライン
　④ 駅等の鉄道施設
　⑤ 社会福祉施設や病院などの医療施設
　⑥ 学校や公民館
　⑦ 国、都道府県、指定都市等の開発

等々が開発許可の適用除外とされたのである。この中には、許可対象として都市計画的見地からの形態、景観等のコントロールを受けた方が都市全体との調和が取れるといったこともあると思われるが、何しろ今までにない新たな開発許可制度がどのように運用されるのかも不分明であり、かつ、許可権を基本的に都道府県知事に委ねるわけであるから、国道、一級河川、重要港湾、空港等の国が直轄して建設し、管理しているものを都道府県知事の許可を受けることに対する抵抗感もあったりして、このような適用除外とされた。

(2) 農業との土地利用調整

　この区域区分の制度には、市街化区域と市街化調整区域の"線引き"の問題が存在している。特に農業との線引きの問題である。"バラ建ち"のスプロールは、都市計画サイドとしても劣悪な市街地が出来上がり、下水道などの後追い投資を迫られるなどの弊害がもたらされていたのであるが、農業サイドとしても深刻な問題となっていたのである。

　すなわち、宅地化の圧力は安い土地を求めて拡大していく。その対象は農地となる。農地は一般に平坦であるから建物は建てやすく、近くに狭いが畦道などもあるので市街化しやすいのである。農家としても土地の切り売りをして現金収入が入るのであるから、農地を死守するインセンティブが働かない。しかもひとたび農地が宅地化され、それが続いていくと、周辺の農地も水の問題等で農地の保全がしにくくなり、農業継続にも影響が出てくるわけである。

　このように、都市近郊で農地が蚕食されていくことで農業政策も混乱してきていた。したがって市街化区域によって市街化すべき地域では、農業サイドとしては政策的にてこ入れをせず、逆に優良農地として将来にわたって農業生産を継続し、農業政策の対象となる地域を市街化区域の外に定めておく必要が生じていたのである。したがって"線引き"は、都市サイドと農業サイドのエリアを決める作業でもあった。

　市街化区域は既成市街地とこれから市街化していく地域を含むのであるが、市街化区域の規模は概ね10年後の人口、産業の見通しによって決めることとされるので、それぞれの都市計画区域ごとに市街化区域を決めていくにあたって、特に農業との調整が必要となり、まとまった優良な農地や土地改良事業等の施行された地域は市街化区域には含めないこととされ、都市的土地利用と農業的土地利用をはっきり分けることが制度として整ったのである。

　さらに、農業サイドも「農業振興区域の整備に関する法律(案)」を都市計画法案とほぼ同時に国会に提出し、都市と農村が調和するかたちが制度的に整ったのであった。

(3) 地方自治と都市計画決定権

　もう一つの大きな論点は、都市計画の決定権者をどうするのか、という地方自治との関係であった。

　旧都市計画法は、都市計画の決定権は国のみに存していた。法制定時は、都市計画そのものが輸入された仕組みであり、もともと近代的な都市計画に我が

国自体が初めて取り組むという状況下では、国が主体的にやらざるを得なかったという経緯もさることながら、明治憲法下の中央集権国家では、都道府県知事など地方の首長も官選であったから、都市計画の事務も国の事務とされ、国が決定をするという仕組みが当然とされてきた。しかも実務上は内申制といって、原案は地方の実情をよく知っている地方公共団体が作り、それを国と事前に協議をしながら確定案として固め、最終的な都市計画決定は国が行うという運用がなされてきていた。

　都市計画は都市固有のものであり、その市民のために存するものであるという考え方は西欧では一般的であり、我が国でも地方自治、特に市町村が都市計画決定の主体であるべきという議論も強かった。こうした議論の積み重ねによって最終的な結論は、都市計画決定権は都道府県知事と市町村に次のように振り分けることとしたのである。

＜都道府県知事が定める都市計画＞
・市街化区域および市街化調整区域
・道路や河川等の根幹的都市施設
・広域的見地から決定すべき都市施設または地域地区
・市街地開発事業

＜市町村が定める都市計画＞
・都道府県知事が定めることとされていない都市計画

　法律論としての条文の解釈は、都市計画の本来的な決定権者は都道府県知事ではなく市町村であることが明らかなのであるが、条文の書き方は都道府県知事が定める都市計画のみを規定しているところが、やや一般の方にはわかりにくいかもしれないうらみがある。そして、市町村の定める都市計画については都道府県知事の承認、都道府県知事の定める都市計画については、大都市およびその周辺の都市等国の立場から調整すべき都市計画区域の都市計画および国の利害に重大な関係のある都市計画については建設大臣の認可を要する、とされたのである。

　なお、現在では、都市計画決定権者は都道府県と市町村とされているほか、市町村が定める都市計画の範囲が広がっている。

6.6 筑波研究学園都市と新都市計画法
——タイミングの良かった新法制定

　新都市計画法の制定は、筑波研究学園都市計画の建設にあたってまことに良いタイミングであったということができる。旧都市計画法の仕組みを利用して都市計画を決め、決めた直後に、新都市計画法で制度化された秩序ある街づくりの仕組みを利用することができたからである。時系列的に追っていくと、研究学園都市づくりサイドは、

　・昭和38年9月　　筑波地区に研究学園都市を建設することに決定
　・昭和41年11月　首都圏整備法による都市開発区域として6カ町村の区域
　　　　　　　　　を指定

　マスタープランは昭和38年9月の基本計画が示されたが、地元からの反対が強く、以後地元との調整、移転機関との調整を繰り返し、昭和40年7月の第1次案、昭和41年2月の第2次案、昭和42年4月の第3次案、昭和44年4月の第4次案と煮詰められていった(図6-1)。

(提供：UR都市機構)

図6-1　マスタープラン第4次案(昭和44年4月)

他方、新都市計画法サイドは、宅地審議会の第六次答申が昭和42年3月で、直ちに法案作成の作業が進められ、ほぼ同じ時期に作業が進んでいた。しかも当時、都市計画決定は国の事務であるから、同じ建設省の都市計画課で法案の作成と研究学園都市の都市計画決定を決めることができた。

　したがって、審議会答申での地域区分の市街化区域を先取りして昭和42年5月には、建設、農林、自治の三省が筑波研究学園都市の市街化区域について地元との調整を終え、暫定的方針の協議を整え、それを前提として次のように都市計画が決定された。

用途地域の指定	昭和42年6月
都市計画街路の決定	昭和42年6月および昭和43年7月
一団地官公庁施設	昭和43年8月
新住宅市街地開発事業	昭和43年8月
都市計画公園の決定	昭和43年10月および12月
土地区画整理事業	昭和43年12月

　新都市計画法の施行は昭和44年6月14日なので、市街化区域と市街化調整区域は正式には新法施行後であったが、実際に先取りして、それを前提としてこのような都市計画決定がなされ、バラ建ちが建たないような良好な街づくりができたのであった。

[参考文献]
1) 大塩洋一郎「都市の時代」、新樹社、2003年11月
2) 大塩洋一郎「新都市計画法の要点」、住宅新報社、昭和43年8月
3) 建設省都市局都市計画課編「新都市計画法逐条解説」、都市計画協会、昭和43年9月
4) 建設省都市局都市計画課編「都市計画法解説」、全国加除法令出版、昭和45年8月
5) 三橋壮吉〈特別法コンメンタール〉「都市計画法」、第一法規、昭和48年4月
6) 櫛田光男、佐藤和男編「土地問題講座③　土地法制と土地税制」、鹿島出版会、昭和46年11月
7) ディズモンド・ヒープ　著、竹内藤男　訳「英国の都市計画法」、鹿島出版会、昭和44年
8) カリングワース　著、久保田誠三　監訳「英国の都市農村計画」、都市計画協会、昭和47年7月
9) 「イギリスの都市計画:計画許可制度の運用」、至誠堂、昭和45年1月
10) 山口周三「フランスの建築・都市・地域計画」、日本都市センター、昭和38年8月
11) 小林忠雄「戦後における土地問題と土地政策の展開(上)」、日本不動産学会誌　創刊号、昭和60年6月
12) 小林忠雄「戦後における土地問題と土地政策の展開(下)」、日本不動産学会誌　第2号、昭和60年9月

13) 「宅地審議会等の審議会答申にみる土地政策の推移」、日本不動産学会誌　第 2 号、昭和 60 年 9 月
14) 宮沢美智雄「都市計画論集」、平成 15 年 1 月
15) 三井康壽「新都市計画法制定の背景とその概要」、日本道路協会、昭和 43 年 9 月

第7章　研究学園都市構想事始め

7.1　はじめに

　世界には筑波研究学園都市のような研究学園都市は多くあるが、代表的なものといえばアメリカのノースキャロライナ州にあるリサーチ・トライアングル・パーク（Research Triangle Park、写真 7-1）、フランスの南イルドフランスにあるソフィア・アンティポリス研究学園都市（写真 7-2）、ロシアのノボシビルスク科学都市などである。世界でもこのように多くの研究学園都市が造られてきているが、研究学園都市はどのような考え方に基づいて造られてきたのであろうか。

　"研究学園都市"は特に定性的に定められた言葉ではない。しかし読んで字のごとく研究機関や大学等の学園が集合しているという意味であり、オックスフォードやケンブリッジが大学都市と言われているのと同様である。

　筑波研究学園都市は都市計画サイドの過大都市対策と科学技術サイドの科学

写真 7-1　リサーチ・トライアングル・パーク

振興策が合致してスタートしたものである。第1章の田園都市論で述べたように、都市の膨張、過大化防止が我が国の都市計画の基本思想とされてきた。戦後の緑地地域もこの思想に基づいて制度化されていたわけであり、特に首都東京では人口の過度集中を防止するため、昭和36年9月に政府は、「まず、機能上必ずしも東京都の既成市街地に置くことを要しない官庁(附属機関および国立の学校を含む)の集団移転について、速やかに具体的方策を検討するものとする」と「官庁の移転について」の閣議決定を行うのである。

一方、昭和34年2月に政府の科学技術政策の総合的推進に資するために設置された総理府の科学技術会議(議長は内閣総理大臣)においても、「国立試験研究機関を刷新充実するための方策について」という答申を昭和37年6月に提出する。その中で国立試験研究機関を集中移転すべきことが次のように記されている。筑波研究学園都市にかける科学技術会議の思いが記されている箇所を、少し長いが以下に記しておく。

7.2 立地条件および施設整備の改善

① 国立試験研究機関の集中移転、研究環境の改善

施設整備の共同利用、共同研究の円滑化、人的交流の活発化等により試験研究を効果的に推進するため、過大都市を離れた地域に国立試験研究機関を集中的に移転させる必要がある。

写真7-2 ソフィア・アンティポリス

そのため、国立試験研究機関は、関係省庁、首都圏整備委員会、関係地方公共団体等と密接な連絡をとり、次のような配慮のもとに適切な計画を立案し、その実現を図る。
  （ⅰ）　大学、関係省庁、産業界等と連携の容易な地域を選定し、これらと密接な連携を図り得るようにする。
  （ⅱ）　各国立試験研究機関の特性、任務等を検討し、その機能を十分発揮させるようにする。その際、機構の再編整備もあわせて考慮する。
  （ⅲ）　道路、上下水道、公園緑地、住宅、リクリエーション施設、学校施設については、従来の基準にとらわれることなく整備する。その際、これらの施設の整備は、移転に先行させる。
  （ⅳ）　試験研究設備、試験研究の推進に必要なサービス施設等については、できる限り共同利用が可能なように計画する。
  （ⅴ）　試験研究を渋滞させないようにし、試験研究設備の更新、近代化について集中移転を待つことなく行う。
 ②　施設設備の改善
　国立試験研究機関の施設整備は、一般に陳腐化、老朽化が著しく、耐用年数をはるかに経過するものが多数使用されているので、適切な計画のもとに近代化する必要がある。

　この科学技術会議の答申は、二つの点で重要なことが記されている。一つは、研究環境の改善であり、もう一つは研究の共同利用である。
　研究環境の改善という点では、当時の東京にある国立の試験研究機関は設備の近代化に迫られていた。産業界では経済の発展につれ新たな技術開発に基づく技術革新の進歩は著しく、産業国家としての我が国はこうした科学技術の発展のために試験研究設備も更新を迫られていた。
　しかし都内の研究機関のなかには、敷地が狭隘であったり、老朽化した設備の更新の必要も急務であった。したがって敷地も広々と取れる新たな研究学園都市を造って、そこに移転し、併せて研究設備も新しいものにしたらよいのではないかという議論になっていったのである。研究機関が集中して移転する新しい都市がどういうイメージであるかは判然とされていないものの、現状の研究環境を変えてフロンティアの地を求めていくという考え方である。
　設備の更新を含めた新たな研究環境の中で研究をしていくという科学技術会議の答申は、当時の科学技術研究機関の考え方をかなり率直に表現したものと

いえ、こうした筑波研究学園都市づくりの基本的考え方を共有できたことが、以後の研究学園都市づくりの基礎をなしたといえる。

　もう一つの共同研究に関する論点は、今後の研究開発の方向として、ある専門分野の研究学園都市だけにとどまらず、他の専門分野との共同研究が必要であるということである。研究は高度に専門的なものであること、研究そのものはコンフィデンシャルで独自性が必要なものであるから、一般的には排他的になるおそれがあるわけであるが、科学技術の発達、特に応用技術の発達は他の専門分野の考え方、研究学園都市の成果を取り入れざるを得なくなってきていることをこの答申では強調しているといえる。そのため"施設設備の共同利用、共同研究の円滑化、人的交流の活発化"を推進するとしたのである。

　この答申で謳われている二つの主要な論点は、筑波研究学園都市づくりの科学技術サイドの基本的考え方を示したものといえる。もっとも、実践段階の都市づくりの過程では乗り越えていかなければならない課題も当然あるのであり、いくら新しい研究設備が入るという物的資源の改善があっても、研究機関の人的資源が円滑に移転し得るかという点や、共同研究の方法論をいかに築き上げていくかという問題の答えを見いだしていかなければならないのである。

　この都市サイドと科学技術サイドの意見のタイミングの良い一致は、当時の我が国が進むべき道として政府全体としての考え方にも支えられていた。我が国の進路は新しい産業国家を作って世界に伍していくことであり、そのためには、それを支える科学技術の研究に力を注ぐべきであるという考え方である。しかも急いでやらなければというのである。昭和36年9月の「官庁の移転について」の閣議決定以降の政府の取り組みは、既に述べたものも含めて時系列的に追っていくと次のように進んでいく。

昭和36年9月「官庁の移転について」（閣議決定）（既述）
昭和36年10月「移転官庁の選定方針」（閣議報告）

　東京都の既成市街地にある官庁で移転させるものの選定が、次のように定められていた。

　1. 附属機関
　　① 主として試験研究を行う機関
　　② 検査または検定機関で、その検査・検定対象が東京都内に集中していないもの
　　③ 官庁職員の研修を行う機関

④　工場および現業業務を実施する機関で、本省と日常頻繁な連絡を必要とし
　　　ないもの
　2. 関東一円を管轄する地方支部部局のうち
　　①　もっぱら下級機関の管理を行い、第一線事務を直接実施しないもの
　　②　第一線業務を直接実施してもその比重が小さいかまたはその範囲が都
　　　内に集中しないもの
　3. 本省の内部または外局のうち
　　①　作業的業務を行う機関で、他の部局との連絡の頻度が比較的低いもの
　　②　審査審判を行う機関で、東京都内の機関または関係者と特に密接な連
　　　絡を必要としないもの

7.3　国立の学校については別途検討する

(1)　移転機関の選定

　これを受けて行政管理庁は各省庁に対し移転可能な機関の有無についての意向調査を実施し、12月10日にとりまとめられた調査結果は回答省庁の付属機関121のうち移転可能としたものは39機関であった。

昭和37年7月　科学技術会議第1次答申(既述)
昭和37年12月　「官庁の集団移転の促進について」(閣議口頭了解)
　ここでは機能上必ずしも東京都の既成市街地に置くことを要しない官庁の新増設は、やむを得ないものを除き抑制するという方針を再確認し、既設の研究機関の集団移転を速やかに具体的方策を樹立することとした。このため内閣に「関係国務大臣をもって構成する官庁移転問題関係閣僚懇談会」を設置し、その下に関係事務次官により構成する幹事会を設けるという方針が決められた。

昭和38年1月「官庁移転問題関係閣僚懇談会の設置について」(閣議決定)
　年が明けて関係閣僚懇談会の構成員を、
　　　　大蔵大臣
　　　　文部大臣
　　　　建設大臣
　　　　自治大臣
　　　　首都圏整備委員会委員長

　　　　行政管理庁長官
　　　　科学技術庁長官
　　　　内閣官房長官
　　　　総理府総務長官
とされ、懇談会の幹事として官房副長官、事務次官等が構成員とされた。

昭和 38 年 9 月「首都圏基本問題懇談会中間報告（研究学園都市の建設に関する問題について）」

　首都圏整備委員会委員長の私的諮問機関として設けられた首都圏基本問題懇談会も、研究学園都市について審議を行い中間報告をまとめ、河野一郎首都圏整備委員会委員長に「世界的水準の研究・学園都市の建設を急いで行うべきである」という意見を 9 月 6 日に提出する。これを受けて 9 月 10 日に筑波の地に研究・学園都市を建設するという閣議了解が行われる。

昭和 38 年 9 月「研究・学園都市の建設について」（閣議了解）（既述）

　1. 筑波地区に建設
　2. 規模は概ね 4,000ha
　3. 住宅公団に用地の取得造成を行わせる

　そして 9 月 21 日には移転機関の選定へと進んでいく。

昭和 38 年 9 月「研究・学園都市に移転する機関の選定について」（行政管理庁次官および首都圏整備委員会事務局長から各省庁事務次官宛照会）
昭和 38 年 9 月「研究学園都市に立地する公・私立大学について」（文部次官宛照会）

　この照会文は、各省庁管下の試験・研究機関、学校等のうち移転させるものを内定して 9 月 30 日までに回報されたいというものであり、公・私立大学についても 10 月 10 日までに回報されたいというのである。
　これは、既に 2 年前の昭和 36 年 9 月に行政管理庁によって 39 機関が移転意向があるとされており、それを再確認するものであるため、回答期限が極めて短期に設定されている。この回答結果については正確な記録は残されていないが、昭和 42 年 9 月に政府として移転機関として決定したのが 36 機関であるか

ら、ほぼ、これと同じものであったと推定される。

　昭和36年9月の官庁を移転するという閣議決定から、筑波の地に研究学園都市を建設するまでは2年間を要した。研究学園都市という国家的大プロジェクトを2年という短期間で決定したということは、振り返ってみると驚異的なスピードであるといえる。これにはまず第一に、都市の過大化は防ぐべしという田園都市論を源流とする都市計画の理想論が根底にあることを挙げなければならない。我が国の都市計画、特に戦後の都市計画の課題は都市の過大化、特に東京の過大都市化の防止にあった。

　緑地地域の制度、既成市街地の工場の新増設の制限、そしてその受け皿として首都圏の近郊整備地帯、都市開発区域の整備を行ってきたのである。官庁移転は東京の既成市街地に、必ずしもあることの必要が乏しい官庁の一部を集中して移転しようとすることは、この理にかなうからである。

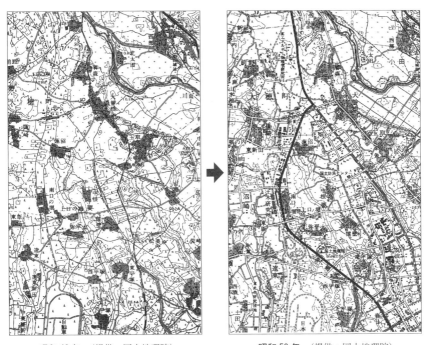

　　昭和43年　（提供：国土地理院）　　　　　昭和58年　（提供：国土地理院）

図7-1　つくば地図

そしてこうした考え方が、政府内でも共通認識となっていたことも大きくこの施策を強力に実施できた理由の一つである。首都圏整備委員会という予算や権限が各省に比べ少ない計画官庁の打ち出す首都圏整備という大義で、予算や権限で絶対的な力を有する各省庁をリードしていけたのも政府全体としての共通認識があったからにほかならない。

　それに加えて特に重要なのは、政治的リーダーシップである。当時の首都圏整備委員会委員長は大の実力者河野一郎建設大臣が兼務していたのであり、研究学園都市の建設には極めて積極的であった。候補地として挙がった赤城山麓、富士山麓などを尻目に、筑波にはヘリコプターを利用して二度も訪れ、あれよという間に筑波地区を研究学園都市として閣議決定したのである。地元の茨城県でさえ、筑波の地に研究学園都市誘致の陳情書がようやく出来上がって持参しようとしていた矢先に決定されてしまうようだったのである。

　このあと38年10月に、首都圏整備委員会は3,600haに及ぶマスタープランを地元に提示する。しかし、これが既存の集落の大規模な移転を伴う案であったため地元からの反対が強く、約1年かけて地元との調整を経て区域を2,700haに縮小することとなる。地元との合意ができたことにより、筑波研究学園都市建設推進本部が総理府に設置されることになる。

昭和39年12月「筑波地区における研究・学園都市の建設について」（閣議口頭了解）
昭和39年12月「研究・学園都市建設推進本部の設置について」（閣議決定）

　12月19日の閣議口頭了解では、新都市の建設は40年より着手し、概ね10カ年で完成する、総理府に「研究・学園都市建設推進本部」を設けること等が決められ、12月25日の閣議決定で正式に「研究・学園都市建設推進本部」が設置される。そしてその構成は、国務大臣である首都圏整備委員会委員長が本部長となり、部員は総理府総務副長官、首都圏整備委員会事務局長および各省庁事務次官とされたのである。そしてこの推進本部で翌昭和40年2月11日に総括部会、用地部会、移転機関部会および公共施設部会の四部会が設けられ、総理府総務副長官または首都圏整備委員会事務局長が部会長となって、新都市の建設に関する連絡、調整および推進に当たることとなる。

　ベッドタウン的な新都市を造るのではなく、仕事場である研究機関を多数移転して新都市を造るプロジェクトであるから関係省庁も多く、そのためこのようないくつかの部会で議論し、情報を交換し、利害の調整を図る仕組みが必要

なわけである。この「研究・学園都市建設推進本部」が設置されたことによって、筑波研究学園都市は政府全体としてその具体化の事業へ向けての体制が整ったことを意味する。

昭和36年9月の官庁移転の具体化方針を検討するとした閣議決定の構想からわずか4年でここまで進めてこられたが、研究学園都市というすべて新たな発想の大規模な新都市を、その建設地、用地の取得、移転機関の調整、事業のやり方等の課題を手際良く処理してきたことには感嘆させられる。時の勢いというものもあったろうが、新しい研究学園都市を造って、我が国の研究の発展、それを基礎にした経済の発展を志向する意志と熱意が根底に関係者間で共有されていたからといえる。

そしてこれらを推進してきたのが、各省庁を横断的にまとめることのできる首都圏整備委員会、行政管理庁、総理府が主役となった点も評価しなければならない。

(2) 用地買収へ

このように実施体制が整ったことを受けて、具体の用地買収の段階へ進むことになる。用地買収は買収対象物件の種類、規模、権利等の調査、補償基準、生活再建措置、買収単価、買収面積の決定といった順序で進んでいくことになる。3月には、いよいよ用地買収に向けて土地物件の権利調査が開始される。用地買収は住宅公団が行うこととされているが、こうした調査は地元も学園都市の建設には賛成しているのであるから、地元の町村に委託する方が好ましい。そこで費用は住宅公団が当然負担するのであるが、物件等調査は県と6カ町村へ委託することとなる（**表7-1**）。

物件等調査は1年ほどかかり、41年4月に住宅公団は補償基準を作成、6月に生活再建措置を推進本部が決定し、買収単価が7月に決定される。買収単価

表7-1 6カ町村用地買収予定面積

筑波町	約38ha
大穂町	約270ha
豊里町	約85ha
谷田部町	約711ha
桜村	約685ha
茎崎村	約129ha
計	約1,917ha

は地目別に異なるが、坪当たり田 1,300 円、畑 1,250 円、山林 1,167 円、宅地 1,400 円等といったもので、これにより 6 カ町村と土地取得の委託契約を結び、約 1 年 4 カ月後の 42 年 12 月末までに各町村で用地買収を進めることが決められた。

この用地買収に関しては、成田空港の用地買収単価との差が大きいことが問題となる。

41 年 9 月に成田空港の用地買収価格が 10a（約 300 坪）あたり 60 万円から 120 万円（坪に換算すると 2,000 円から 4,000 円）という情報が筑波学園都市の地元にも伝わり、問題化し、用地買収に入れなくなり、その事態を解決するため茨城県知事と住宅公団総裁のトップ会談が行われ、農業補償、山林補償の上積み、研究学園都市にかかわる都市開発区域の指定と、都市計画区域や用途地域の指定といった法定手続きを行うことで地元との合意もとれて、用地買収が進められることとなる。

この法定手続きをする意味は、都市開発区域が指定されると県に対する起債枠の拡大、利子補給、公共事業の補助率 UP などの財政措置が講じられ、用途地域の指定は租税特別措置法により、用地買収の対象となった土地所有者に譲渡所得税の減免措置が得られるため、実益を伴うものであったからである。

ところが、こうして用地買収が進み始めたのに 43 年 3 月に成田での用地買収費が上がったことが判明し、筑波の地元地権者が再び硬化し用地買収がストップする事態となった。このため公団は県と打開策を協議して、大規模な代替地を県が造成したり取得して土地譲渡に反対していた地権者に提供することとしたり、土地売却により営農規模が縮小する農家に対し、温室ビニールハウスの設置補助等の営農改善施設事業を実施する等、営農環境の改善を図ること等を提案して、成田の用地買収価格との差を埋める措置をとることによって地元の理解を得て用地買収を進めることができるようになったのである。

(3) クラスター開発

用地買収は、地元との調整により集落地の移転を極力避けることから平地林等を中心として行われることとなっていく。当初は一体にまとまった開発が考えられたが、買収可能な土地が飛び飛びとなるクラスター開発とされる。

そして都市のマスタープランづくりの具体化が進んでいく。南北 18 キロ、東西 6 キロにわたっている区域に計画を立てるのであるから、都市としてのまとまりをどうするかというコンセプトが大きな課題となったのである。都市の

性格づけの議論は、昭和38年10月の当初の案では、高速道路を挟んで北に学園地区、南に研究団地というものであったが、集落の移転をかなり伴うことから反対が強くクラスター開発になったため、その配置計画をいかにするかが大きなポイントとなった。研究の目的が各省別に分かれていたこともあったことから、これらの移転機関の配置は各省ベースを基本としたらよいということが方向づけられていたが、昭和41年8月に推進本部の総括、移転機関合同部会では、各省庁別施設用地の計画面積は次のように定められた。

文部省系	543ha
通産省系	160ha
運輸省系	67ha
建設省系	114ha
農林省系	471ha
厚生省系	50ha
科学技術庁系	79ha
その他(調整用地)	41ha
合計	1,525ha

　これを基本として配置計画が決められていくのであるが、用地買収による面積と形状によって最終的に配置計画が決められることになるので、これらの移転機関をどのようにしてクラスター状の一団の土地にまとめていくかが課題だったのである。結果は北部に文部・建設系、南部に理工系と農林系ということに落ち着いたのである。

　その過程では、それぞれの大学・研究機関とも用地の規模が大きくなることを望んで、その面積配分を増やそうとしたのであり、面積の大きい機関では文部・建設系では筑波大学の246ha、高エネ研の199ha、土木研究所の126ha、工業技術院の140ha、農林関係研究機関の421haという配置計画とされた。そしてこれらの移転機関の研究者や家族用の住宅地の配置を決め、さらに学園都市の中心となる都心地区を決めることによって建築物を中心とする配置計画が決まり、以前から決められていた学園東大通りなどの主要な街路に加え、公園、下水道、水道、電気通信施設などの公共公益施設の計画が出来上がっていったことになる。

　マスタープランの完成も団地買収の進捗に合わせ、また、移転研究機関を所管する各省庁との調整を繰り返し、昭和40年7月、41年2月、42年4月と作り直

され、最終的にまとまったのが昭和44年4月の第4次マスタープランだった。

このマスタープランが最終的に決まるまでも、用地買収の進捗が思うようにいかなかったことが関係者をやきもきさせた。当初用地買収の委託を地元6カ町村に昭和42年12月までに1,500haとしていたのが、67%程度しか済んでいなかったことから、昭和43年に入ってから任意買収では目標を達成できないと焦燥を隠せなかった。そこで、収用権もある都市計画事業や土地計画整理事業によって用地を取得することとなっていく。その手法としては、全面買収を前提とする、

・一団地の官公庁施設の都市計画事業（研究機関団地）
・新住宅市街地開発事業（住宅用地）

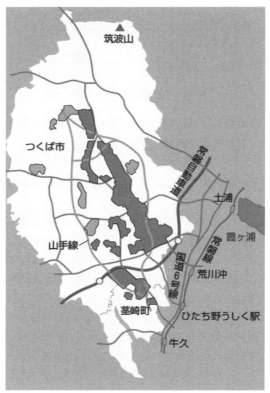

(提供：UR都市機構)

図7-2　クラスター開発

と換地処分によって従前の土地は何割か減歩されるものの、土地の一部は地主の手元に残る土地区画整理事業によることが決定される。

　これによって筑波研究学園都市事業は大きく前進し、昭和44年11月6日に研究学園都市開発事業の総合起工式が、北部の文教・建設系団地の一つである高エネルギー物理学研究所建設予定地で行われ、本格的建設へと進んでいったのである。

図7-3　筑波研究学園都市　（提供：国土地理院）

[参考文献]
1) 「筑波研究学園都市 都市開発事業の記録」、都市基盤整備公団茨城支社、平成14年5月
2) 「筑波研究学園都市 都市開発事業の記録 資料集」、都市基盤整備公団茨城支社、平成14年5月
3) 「筑波研究学園都市 都市開発事業の記録 都市のあゆみ」、都市基盤整備公団茨城支社、平成14年5月
4) 「筑波研究学園都市 都市開発事業の記録 想い出の地」、都市基盤整備公団茨城支社、平成14年5月

第8章　自立都市への道

8.1　はじめに

　昭和43年に筑波研究学園都市の主要なマスタープランがほぼ出来上がってきたことは前章で述べたとおりであるが、これによって用地買収を進め、買収になかなか応じない県外地主等に収用手続きをかけながら1年後には99%まで用地買収が済んだことになった[注1)]。このような用地取得の見通しを受けてマスタープランがいよいよ建設段階に入っていくのである。マスタープランによる土地利用計画は**表**8-1と**図**8-1のとおりである。

　昭和43年8月に一団地の官公庁施設が決定され、12月には新住宅市街地開発事業を含めて、都市計画事業決定がされる。そしてその年の10月には既に科学技術庁の防災科学技術センターの大型実験施設の建設が始まっており、いよいよ本格的に筑波研究学園都市は建設段階に入っていくこととなる。

表 8-1　土地利用計画の概要区

	区分	土地利用	面積	地域区分
筑波研究学園都市 (約 28,560ha)	研究学園地区 (約 2,700ha)	都心地区	約 90ha	市街化区域
		研究・教育施設	約 1,570ha	
		文教系	約 490ha	
		建設系	約 220ha	
		理工系	約 310ha	
		生物系	約 460ha	
		共同利用施設	約 6ha	
		住宅地区	約 1,040ha	
	周辺開発地区 (約 25,860ha)	主要な既存集落	約 600ha	市街化調整区域
		その他の区域	約 25,260ha	

面積には公共公益施設を含む

注1)　残りの1%未満の12haは、最終的には時間をかけて審理された明渡裁決によって46年末に土地取得は完了した。

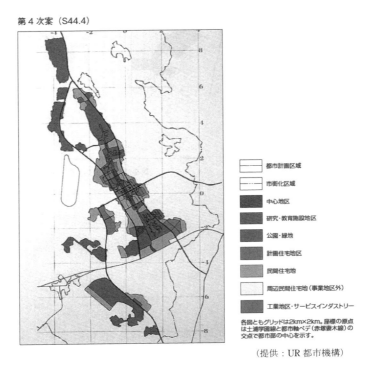

図 8-1　マスタープラン

　昭和44年6月には「研究・学園都市の建設について」が閣議決定され、移転を予定する機関等の建設については、昭和43年度を初年度として前期5カ年、後期5カ年の2期に分け、概ね10カ年で実施すること、昭和47年度までの前期には、科学技術庁2機関、文部省1機関、農林省概ね5機関および建設省3機関の移転予定機関の建設開始を目途とすること等を決定する。

　そして昭和45年5月に議員立法として「筑波研究学園都市建設法」が制定される。この法律が「均衡のとれた田園都市として整備する」ことを目的としたことは第1章で述べたとおりであるが、その他にも「研究学園地区」と「周辺開発地区」という概念を導入したことも特筆しておかなければならない。新しい概念の「研究学園都市」を造るという国家的なプロジェクトであるから、国が主体的に都市づくりに関わっていくことは当然であるが、その地域には自治体があり、しかも六つの町村にまたがるわけであるから、統一的な都市づく

りを行っていく仕組みも新たなものを考えていかなければならない必然性もあるからである。

　新たな研究学園都市のマスタープランは地元との調整によって何度か練り直され、前章で述べたごとくクラスター状の開発整備となることから、国の研究機関、その住宅用地や都心地区の整備は、国がもっぱら責任をもって進めていく地区を「研究学園地区」とし、それ以外の地区を「周辺開発地区」と区分けをしたのである。研究学園地区建設計画は国が決定し、周辺開発地区整備計画は茨城県知事が作成に努めることとされたのである。研究学園地区では、土地造成は国の代行機関である日本住宅公団が、試験研究機関の建物は文部省と建設省（営繕部）が実施し、周辺開発地区では、道路、公園、水道、下水道等の公共施設等は国、茨城県、6カ町村で実施することとしたのである。そして研究学園都市建設計画は昭和55年9月、周辺開発地区整備計画は昭和56年8月に作成され、建設がスタートしたのである。

　新しい都市を開発する際に、その都市の計画人口をどうするかという問題が必ず出される。筑波研究学園都市の場合について考えてみることとしよう。

　都市化の進行によって全国各都市で昭和30年代は住宅地開発、ニュータウン開発が行われたが、それぞれの都市の人口圧力を想定して、主に住宅需要を中心として進められていった。ところが筑波研究学園都市は、広義には都市化の圧力に対しての開発であったものの、他のニュータウン開発と異なっていたのは、研究機関の移転という職場を伴ったものであったことである。移転機関の職員や家族の人数ははっきりしているわけであるから、需要予測に頼る一般のニュータウン開発よりも計画人口は確度の高いものと考えてよいだろう。首都圏整備委員会は、昭和44年10月には研究学園都市の人口は移転機関数20,500人と大学生18,600人を基準として、これにサービスする関連人口を推定し、これらに研究学園都市の定着率を乗じ、就業者一人当たりの平均扶養人数を加えるという算定方法によって、新都市夜間人口を約12万人としている。

　筑波研究学園都市の計画人口は当初22万人とされた。昭和45年に制定された筑波研究学園都市法において、筑波研究学園都市は研究学園地区と周辺開発地区の二つの地域区分を定め、前者は国が後者は地方公共団体が開発整備を行うこととされ、人口計画もそれぞれ10万人、12万人と区分して記載されることとされた。

　その後の研究学園都市の人口の推移は表8-2のとおりである。

表 8-2 研究学園都市の人口の推移

	研究学園地区	周辺開発地区	計
1965 年	0	78,826	78,826
1975 年	4,110	89,396	93,506
1980 年	27,652	99,750	127,402
1985 年	38,843	111,231	150,074
1990 年	51,805	116,673	168,478
1995 年	60,736	121,591	182,327
2000 年	67,939	123,875	191,814
2005 年	74,997	125,531	200,528
2010 年	79,163	135,427	214,590
2013 年	76,713	142,689	219,402

　人口計画は新都市づくりの基本である。それによって必要な道路、公団といった公共施設、職場、住宅地や商業地の配置、都市のセンターの配置とこれらの規模の諸元を決めるもとになるからである。特に筑波研究学園都市は、国家の肝煎りで国の研究機関や大学を集中的に筑波の地に移転して科学立国を造っていこうとするものであるから、従来の都市づくりにも増して理想的でゆったりとした計画を立てることが志向されたのである。

　首都東京という便利な所から、離れたつくばへ移転することとなる研究機関の教職員にとっても魅力のある都市が望まれていたことは、科学技術会議の昭和 37 年の答申に、

　「道路、上下水道、公園緑地、住宅、レクリエーション施設、学校施設については、従来の基準にとらわれることなく整備する。」(傍点　筆者)
と記されていることからもわかるのである。

　これは、具体的には次節以降のようになっていったのである。

8.2　公共施設

(1)　道路

　南北に最も重要な幅員 50m の学園東大通り線 (**写真 8-1**)、学園西大通り線と幅員 25m の牛久学園線、東西に学園平塚線、北大通り、中央通り、南大通り、土浦野田線を幅員 40m ないし 25m。

写真 8-1　東大通り

(2) 公園

　北に 3.8ha の松見公園（**写真 8-2**）、南に 20ha の洞峰公園といった大公園を配し、これを含め約 30ha の公園が計画された。研究学園地区の人口を 10 万人として公園率は 1 人当たり $3m^2$ となる。

写真 8-2　松見公園

(3) 歩行者専用道路

　筑波研究学園都市の都市づくりの特徴の一つとして、歩行者専用道路のネットワークを張りめぐらしたことがある。昭和30年代は、急速な都市化の時代であるとともに急速なモータライゼーションの時代でもあった。車が都市に満ちあふれ"都市の自動車交通"をいかに取り扱うかが世界各国でも大きな課題となっていったのである。都市の自動車交通の課題は二つである。

　一つ目は自動車の円滑な交通を確保することであり、二つ目は自動車と歩行者との分離の問題である。

　円滑な交通の確保の観点からは、道路の新設、拡幅あるいは都市内高速道路といった交通需要に対応した交通容量の確保であり、またパーソントリップといった人間の移動と自動車利用のほかに鉄道利用の増強、利便向上による分担関係の合理化といった対策が取られていく。

　他方、歩行者との関係でいえば、自動車が凶器となるおそれを減少するため、歩道の整備、それも同一平面での歩道から車道との段差のある歩道、しかもできるだけ幅の広い歩道をとることによって歩車分離が検討され進められたのである。その行き着く先にあるのが歩行者専用道路の考え方である。都市は人間がたくさん集まる場所であるから、都市内では歩行者が当然多いため、人で賑わう商店街などでは交通規制により自動車の進入を禁止する歩行者専用道路も各地にできつつあったのであるが、新しく造られた大規模ニュータウンでは、その考え方に基づいて大規模な歩行者専用道路が造られてきていたのである。ニュータウンづくりの専門的集団となっていた日本住宅公団が、多摩ニュータウンで試みた多摩センター駅からパルテノン多摩まで広いペデストリアン大通りを造ったのがその代表である。

　つくばでは、これと違った形のペデストリアン道路を造った（**写真 8-3**）。都心地区と住宅地をネットワークで結ぶペデストリアン道路である。筑波大学を北端として赤塚公園を南端とする幹線のペデストリアン道路は延長10キロに及び、この幹線のペデストリアン道路が住宅地とのペデストリアン道路とつながってネットワークを作っているのである。このペデストリアン道路は幹線道路とは立体交差して住宅地と都心地区を結び、学園都市の居住者の散策やジョギングの場所として使われているのである。

写真 8-3　歩行者専用道路

(4)　移転教育・研究機関

　移転研究機関が 43 機関とほぼ確定し、その配置の考え方は前章で述べたとおりであるが、同一分野の研究の共同化を実現するため研究系統別にグループ化して次のように配置することとされた。

- 北西部
  - 建設系：建築研究所、土木研究所、国土地理院
- 北　部
  - 文教系：高エネルギー物理学研究所、国立博物館、筑波実験植物園
- 中心部
  - 筑波大学、工業技術院
- 南　部
  - 理工系：無機材質研究所、金属材料研究所、気象研究所等
- 南西部
  - 生物系：畜産試験場、果樹試験場、農業技術試験場等

(5) 住宅地

移転機関の住宅は昭和44年に首都圏整備委員会の調査によって国家公務員の住宅総数は1万8,000戸とされ、希望者に貸与する公務員住宅は約8,000戸が必要という結果を受けて、新住宅市街地開発事業で取得した土地と土地区画整理事業によって生み出された場所で昭和46年から昭和55年までに7,755戸が着工され、建設された。

こうして高蔵寺ニュータウン、多摩ニュータウン等のニュータウン造りのノウハウを蓄積してきた日本住宅公団の技術を結集し、都市計画学会、日本造園学会、日本建築学会と当時の都市・住宅に関する学会の有識者が協力して、新しい研究学園都市を造り上げることに努力したのであった。

8.3　人口計画

このようにして昭和44年以降、移転機関は順次東京からつくばの地へ移転していくことになる。もっとも、必ずしも順調に進んだとは言い切れない。移転機関の移転には、その役職員と家族の移転が伴わなければならないからである。従来から生活の本拠地であった東京では、子供の学校の問題、職員の配偶者が仕事をしている場合や職員本人が東京で他の仕事をしている場合があるからである。

研究機関の研究体制からみれば、筑波での研究機関の面積は1,500haとなり、東京での面積360haの約4倍に増えるわけであり、広々とした場所で学問や研究ができることとなる。そして老朽化している研究設備が最新のものに更新されるので、研究環境も格段と改善される。このことから考えれば、新しい研究学園都市に移転することに、管理者サイドは異論を唱えることはしにくいのである。

しかし、職員の個人個人のことを考えると、それとは別問題である。東京から約50キロとそれほど遠い場所ではないものの、東京の街とは全く違う淋しい所で不便であるから、移転を不安に思うのは当然である。移転する機関ごとに当局と職員との間で、移転に向けての話し合いが持たれ対策が決められていったが、政府全体としては概ね次のようなことが決められたのである。

① 移転手当の新設

昭和46年に移転機関の移転する職員全員に対して俸給、特別調整額および

扶養手当の合計額の10%を「筑波研究学園都市移転手当」として支給する。

② 広い住宅

同じ昭和46年に「筑波研究学園都市建設推進のための課題処理について」が関係省庁連絡会議で決められ、"従来の公務員宿舎の標準規模に比べて10m²ほど大きい住宅を希望者全員に貸与する方針"が示された。これにより3坪ほどの一部屋が増えた住宅が供給されることとなり、移転者へのインセンティブ要因となったのである。

もっとも、こうした移転促進策を講じても当初計画した人口が研究学園都市では定着していかなかったのである。

新都市づくりの基本は人口計画であることは論を待たない。人口計画に基づいて定住者のための住宅地の位置と面積を決め、職場や住宅から発生する交通量、近隣や遠方からの流入、流出の交通量から道路の幅員や形状を決め、住宅地に必要な公園の面積や水道、下水道施設の計画が決められていくからである。しかしこうした都市施設容量を決めるための人口計画が、どのような時間を経て定着していくかは別問題と考えなければならない。往々にして都市計画のプランナーは、この点をやや看過してきた嫌いがあると言わざるを得ない。

移転機関の建物が順次建設され、約10年かけて昭和55年には、移転機関の移転が完了したのであるが、その時研究学園地区の人口は**表8-2**で示したように27,652人と3万人に達しておらず、計画人口10万人に対して3割にも届いていないのである。これには誘致に協力してきた地元としては怒りの声が上がってくるのは致し方ないのである。昭和55年に研究学園都市は概成したのであるが、概成が間近に近づいていた昭和53年頃から、概成すると言いながら人口10万とする研究学園地区の人口が3万人弱で、予定していた人口から程遠いことから、茨城県は独自に自立計画を作ろうとして案を練ることになった。

人口が計画どおり進んでいないのに概成と言われて国が手を引くのではないかというおそれから、継続して国が学園都市づくりに力を入れるべきであるという考え方に基づいているのである。もっとも、農村的な行政をしてきた6カ町村では、新しい学園都市を主体的に築いていくには行政力、財政力共に負担しきれないことから、県としても研究学園地区の整備に限らず周辺地区を含めて都市として一体的な整備を目指すべきことを求めたのである。この自立計画（案）は、市街地形成の促進、交通網の整備、公共公益的施設の整備、周辺開発、農業振興、財政対策等を列挙して学園都市としての自立を目標として整備を進めていくべきとするものであった。

こうして県が自立計画の案を作成したのに呼応して、国としても国土庁[注2]が昭和55年3月に後期計画の案を取りまとめようとしたのである。この自立計画(案)も後期計画(案)も昭和55年9月に研究学園地区建設計画として国が策定し、翌56年8月の茨城県の周辺開発地区整備計画の策定へとつながっていったのである。

こうした当時の状況を知っている人も少なくなってきているが、人口の定着が進まないことについては、我が国特有の社会環境が影響しているかもしれない。家族、特に子供の学校の関係、従前地でのコミュニティとの関係で職場が変わるときに、家族共々新しい勤務地に移り住まないことが多くあるからである。地方転勤は一定期間ということもあり、単身生活を送ることはよくあることであるし、筑波でも当初はそういう形で人口定着が進まなかったともいえる。また一方では、建設当初は道路も十分できておらず、ぬかるみの道を雨の日などは長靴を履かなければならず、買い物も東京と違って極めて不便ということもあり、移転してきた人々も大変な苦労をしてこられたのである。

我が国では、何事にも建設事業には時間をかけて関係者が話し合いをすることによって仕事を進めていくので時間がかかる。昭和57年に中国へ出張に出

(写真提供：滝原逸郎氏)

写真8-4　筑波山から学園都市越しに富士山を

注2)　国土庁大都市圏局筑波研究学園都市建設推進室が担当することとなった。

かけ香港に近い深圳の町を視察したことがあるが、1979(昭和54)年に経済特区として指定されたばかりの寒村だった深圳は10万人の都市が出来上がっていたのに大変驚いたのである。国情の違いはあるとはいえ、市の都市計画担当者と話をしていると、ここに移り住んでいる人達は家族共々移転してきているとのことだった。

当時の茨城県議会でも、人口20万という都市にするからというので、地元では、例えば鶏の卵は毎日20万個は売れるのではないか、野菜、果物も同じように売れて地元も潤うのではないかと思って用地買収に協力したのに裏切られた、というような話も真面目にされていたのである。

都市計画として決めた移転人口は、研究学園地区を中心に10万なのであるが、現実の移転人口は計画の半分にも満たないというのが現実である。筑波研究学園都市に限らず全国で造られるニュータウンに共通する問題であるが、逆に東京のような既成都市では人口が過度に増加して住宅、交通、学校等の過密問題に苦しみ、人口の分散を図らなければならないという都市間アンバランスが生じる現象に直面せざるを得ない。予定し、期待していた人口定着が進まない都市では定着へ向けて施策の展開を図り、過密に悩む都市では分散施策に傾注し、いずれも時間をかけてその実現を目指すしか方法がないのも実態である。

筑波研究学園都市の場合は20万都市計画という目標が大きなメルクマールとなって、その実現に向かって運動していくことになる。もともとが国家プロジェクトとして建設が進められてきたこともあって、その運動は国に向けて精力的に行われていくのであるが、筑波研究学園都市建設法によって2,700haの研究学園地区は国が計画を立てて進めていくが、残りの周辺開発地区は茨城県が計画を立てて進めていくことが決められていることもあって、地元としても国だけに頼るというわけにもいかない。

昭和55年の概成当時は、国はセンター地区の整備に力を入れていた。すなわち、ホテルを造り、ホールを造り、デパート等大型商業施設、交通センターなど都心機能を充実して都市らしい姿を造り上げようとしていたのである。こうした都心機能を造るのは、国や日本住宅公団、第三セクターの筑波新都市株式会社が主体的に取り組んだのであるが、企業の誘致には知事をはじめとする県や地元も熱心に取り組んだのである。企業にとっても、地元での営業活動や従業員の住宅など地元との関係は大切だからである。

研究学園地区でも地元の役割は増大していったのであるが、周辺開発地区はもっと主体的に取り組まなければならない。特に人口定着が悪く、移転機関の

家族の移転が遅れることによって、学園都市に落とされるべきお金が家族のいる東京で落ちるのでは、つくばの住民としては不平の種となるのである。商機を見込んでいた事業者にとっては当てが外れたと言うのである。もともと移転機関は国立であり固定資産税そのものは地方の町村には入ってこないのであるから、町村財政上も問題となってくるわけである。したがって人口の増、雇用の増、町村にも貢献する民間企業誘致に力を入れざるを得なくなるのである。既に第三セクターの筑波新都市株式会社は豊里東部地区で土地区画整理事業を始めていて、ここに企業誘致を進めていたところである。こういったことを求めているときに突然出てきたのが、科学技術博覧会構想である。

　科学技術博覧会のことについては次章で詳述することとするが、科学技術博覧会は筑波研究学園都市の発展に多大な効果をもたらした。

　第一に、つくばの知名度を格段に上げ、筑波研究学園都市の状況をみて、その将来の発展の期待感を広く認識してもらう結果となったことである。第二に、それによって筑波研究学園都市に民間の研究機関や工場の立地が進んだことであった。

　地元の茨城県、6カ町村としても、国の移転機関の人口移転が進まないことから周辺開発地区での企業の誘致に力を入れなければならないという必要性にも駆られていたのである。

(写真提供：つくば市)

写真 8-5　筑波山からの夜景

筑波研究学園都市が概成した昭和 55 年以前にも、周辺地区の開発は試みられていた。日本住宅公団と茨城県が出資して作った第三セクターの筑波新都市株式会社が手掛けた豊里東部の土地区画整理事業である。ここを開発して企業を誘致しようというわけである。当時全国的に地域開発、都市開発のメインテーマは、工業団地を造って工場を誘致するというものであったが、この筑波研究学園都市でも、ご多分に漏れずに工業団地づくりを志向したのである。

　しかし、概成を迎えたのに人口定着のままならない現実に対して、企業誘致による人口増、さらには地元町村の財政力の向上という観点から、この施策が加速される。したがって科学技術博覧会の開催が決定されることに備えて会場地を決める際に、跡地は工業団地とする方針が決められたのである。そのため会場地のレイアウトも、将来の工業団地となることを前提としたプランとされたのである。BIE（博覧会協会国際事務局）によって公認されて催される万国博覧会をはじめとする博覧会の跡地はどうなったかという"After the Fair"ということが、議論されてきている。それは、これまでの博覧会を催した場所でその後さびれてしまった所があるからである。

　日本で催された大阪の万国博覧会や沖縄の海洋博覧会、愛知の愛・地球博の跡地はいずれも公園となっている。筑波の科学博は、開催が決まったときから研究所を中心とした工業団地にすることを決めていたことは特筆すべきことかもしれない。それはしかし、人口定着が思いのままにならぬという研究学園都市の計画と現実との差から導き出された、極めて実務的、実利的な知恵であったといえるのである。

　このように概成後の筑波研究学園都市は、周辺開発地区の開発整備に向かうこととなる。その状況を**表 8-3** にまとめてみる。

　筑波西部工業団地および筑波北部工業団地は、第 5 章で述べた市街地開発事業である工業団地造成事業として、都市計画事業として施行された。研究学園地区の一団地官公庁施設、新住宅市街地開発事業と同じように都市計画事業として施行されたのである。

　北部の工業団地は科学万博を開催していた昭和 60 年度から、西部工業団地は科学万博終了後、パビリオンの撤去を終えた後から分譲が開始された。ちょうどその頃は経済も好調であったため、分譲は順調に推移。特に万博跡地の西部工業団地は間もなく売り切れてしまうといった状況であった。もっとも販売時に、建築は用地取得後 2 年以内という条件が付いていたため、逆にいうと 2 年間は建築しなくてもよいこととなるので、取得後直ちに研究所が建ち並ぶと

いったことではなかった。しかし、時間の経過とともに民間の研究所が立地し、就業人口の増加とそれに伴う定住人口の増加へと拍車がかかっていったのである。

表 8-3　研究団地・工業団地一覧

団地名	面　積	事業主体	事業年度
東光台研究団地	39ha	豊里東部土地区画整理組合	昭和 53 年度～57 年度
西部工業団地（科学博跡地）	101.5ha	茨城県	昭和 56 年度～61 年度
北部工業団地	127.8ha	茨城県	昭和 56 年度～60 年度
つくばリサーチパーク羽成	5.4ha	住宅都市整備公団	昭和 59 年度～62 年度
つくばテクノパーク豊里	69.0ha	住宅都市整備公団	昭和 60 年度～63 年度
つくばテクノパーク大穂	41.4ha	住宅都市整備公団	昭和 61 年度～63 年度
つくばテクノパーク桜	24.6ha	住宅都市整備公団	昭和 63 年度～平成 11 年度

　このようにして、周辺開発地区の整備は科学技術博覧会が催された地というブランドが大きく寄与したことは疑いのない事実であった。茨城県、住宅都市整備公団といった公的主体による工業団地造成に限らず、民間企業の研究所が自ら土地を探し求めて筑波研究学園都市あるいはその周辺の地域に立地することが多くなってきたのである。"つくば"のブランドの名を借りて、筑波研究学園都市の周辺の市町村の企業誘致の工業団地づくりも"つくば"の名にあやかった例が出てくる有様であった。

　それはさておき、このような周辺地区開発によって徐々に立地企業、研究所も増え、人口の増加、町村財政への寄与といったプラスの要素によって期待が高まり、概成時の地元の不安も薄れていくことになった。研究学園都市の自立の方向が見えてきたといえる。

　ここで自立都市ということを考えてみよう。自立都市という確たる定義は必ずしもあるとはいえない。一般的には、都市が政治的、行政的に自主的に物事を決められ、それを支える自主財源といった財政的基盤もしっかりしている都市が自立都市と称されている。しかしここでは、昼夜間人口比率というメルクマールで考えてみることとする。

昼夜間人口比率は、昼間人口/夜間人口の 100 分比のことをいう。そしてこの比率は、都道府県単位でも市町村単位でも議論されてきている。オフィスや工場等職場が多いところでは概して昼間人口が多くて夜間人口が少なく、その比率は 100 を超える。例えば平成 22 年の国勢調査を見てみると、東京 23 区を例にとると 130.9 であり、特に都心の千代田区では 1,738.8 と夜間人口が極端に少ないことになる。

　逆に、東京への通勤者の多い県や市町村では 100 を下回り、例えば神奈川県 91.2、埼玉県 88.6、千葉県 89.5 という数字になっているのである。この昼夜間人口比率は都市の人口の集中の推移と共に議論されるようになり、千代田区のように極端に夜間人口の少ない所では、オフィスビルなどの建築にあたって住宅の附置を義務づけて、夜間人口が減らないようにして昼夜間人口の是正を図ろうという動きも出てくるわけである。

　自給自足時代の社会は、それぞれの村や地域はその意味では昼夜間人口比率は 100 であったわけであり、その後の社会の発展につれ、特に産業革命後の工場の都市への集中、その後工場機能の増大に加え中枢管理機能の増大によってオフィスの増加が昼夜間人口比の議論を拡大させてきているのである。特に大都市では大規模ニュータウン、特にベッドタウンが造られるようになると、こうしたニュータウンは昼間人口がその都市以外へ通勤することとなり、そこでは職場を求める声が強く出てくるようになる。その意味で、昼夜間人口比率は都市の自立を測るメルクマールと考えてもよいだろう。

　筑波研究学園都市は、東京から 50 キロ離れた場所に、多摩ニュータウンなどのベッドタウンとは違った自立都市を造ろうという試みで造られてきた。そのことを**表 8-4** で見ると、つくばは自立都市の性格を示しているといえよう。

表 8-4　つくば市と多摩市の昼夜間人口比率

	平成 12 年	平成 17 年	平成 22 年
つくば市	108.5	109.0	108.7
多摩市	96.8	94.3	98.6

　この自立性を裏づけているのは、**表 8-5** の事業所数と従業者数である。

表 8-5 事業所数と従業者数

	平成 16 年	平成 18 年	平成 21 年	平成 24 年
事業所数	6,374	7,582	8,542	8,481
従業者数(人)	67,895	103,160	122,416	113,530

　昼夜間人口比率で見る限り、筑波研究学園都市を自立都市として造るという当初の理念は達成しているということができよう。

［参考文献］
1) 「筑波研究学園都市 都市開発事業の記録」、都市基盤整備公団茨城支社、平成 14 年 5 月
2) 「筑波研究学園都市 都市開発事業の記録 資料集」、都市基盤整備公団茨城支社、平成 14 年 5 月
3) 「筑波研究学園都市 都市開発事業の記録 都市のあゆみ」、都市基盤整備公団茨城支社、平成 14 年 5 月
4) 「筑波研究学園都市 都市開発事業の記録 想い出の地」、都市基盤整備公団茨城支社、平成 14 年 5 月
5) 英国運輸省 編、八十島義之助、井上 孝 共訳「都市の自動車交通(原著名：Traffic in Towns)」、鹿島研究所出版会、昭和 40 年 8 月

第9章　科学技術博覧会

9.1　はじめに

　昭和60(1985)年3月17日から9月16日までの184日間筑波の地で開催された国際科学技術博覧会(科学万博)は、筑波研究学園都市の真の姿を世界に広めた一大イベントであったが、同時に筑波研究学園都市の真の発展をもたらした原動力ともなった。博覧会が終わってから既に30年を経過したのであるが、当時の筑波研究学園都市の賑わいと興奮を感じた人達にはいまだ生々しい記憶が残っていて、センター地区には"つくばエキスポセンター"があり、当時のパビリオン関係者の会が今でも開催されている。会場跡地には筑波西部工業団地ができていて、往時のことを偲ぶことができるのである。
　本章では、科学万博と筑波研究学園都市づくりの関係を少し詳しく追っていくこととしたい。

9.2　国際博覧会のアイディア

　筑波研究学園都市が概成を迎えようとしていた昭和52年頃に、科学技術庁の中で筑波研究学園都市での国際博覧会の構想が議論されるようになり、関係する省庁に非公式な打診がなされ、昭和53年7月に科学技術庁から茨城県知事に正式に話が持ち込まれる。
　茨城県としてはもちろん大賛成である。研究学園都市はもうすぐ概成する時期となっているものの、人口の定着はままならず、しかも東京から移転して来る新しい住民と古くからの住民との間には、同じ学園都市の住民であるというものの交流もままならないという都市の一体感がない状態の中で、茨城県では移転してきた国の大学や研究機関ばかりでなく民間の工場や研究所を誘致して都市として自立するという自立計画を立てようとしていた時期でもあった。国家のプロジェクトとして研究学園都市が造られてきて、立派な道路や公園等ができ、広々として立派な研究所が多数建ち並んでいるものの、一般の人から見

れば全く無縁の存在に見え、無機質な都市が出来上がっているように思えたのである。移転機関の家族の筑波への移転が少ないことも、都市の賑わいが予想に反していたこともあり、都市としての一体感も醸成されなかった状態であった。筑波研究学園都市という美名だけでは、地元では満足しきれないのである。

そこへ降ってわいてきた博覧会構想であるから、これを機に筑波研究学園都市のこれまでの都市づくりを内外の人に見てもらい、その実情を認識してもらい、国を挙げて科学技術に力を入れている筑波研究学園都市のイメージアップを図り、茨城県、茨城県民の研究学園都市づくりへの熱意を博覧会を通じて茨城県の国際化へ向けての努力を促すという多角的な見地から、この博覧会構想に県として賛成し、協力するというのは至極当然のことであった。

9.3　国際博覧会

筑波研究学園都市で開催された科学技術博覧会について、少し詳しく記しておくこととしたい。

産業革命が起こり産業が発展するにつれ、それによって生み出された新しい製品を展示する博覧会はフランスのパリで開かれたのが最初とされているが、その後、他のヨーロッパの都市でも開催され規模もだんだんと大きくなっていき、それが発展して正式の第1回国際博覧会は1851年にロンドンで開催された。

写真 9-1　科学万博会場と筑波山　（写真提供：つくば科学万博記念財団）

当時の英国は 19 世紀の半ばの技術革新と経済発展を牽引していたヴィクトリア女王の時代で、自由貿易の考えが普及する中、国家間の経済連携を作り上げていこうとする願いを込めて、ハイドパークで開催された。ロンドン万博のテーマは"すべての国の産業"（Industry of all Nations）で、人々の注目を引いたのは英国やドイツの鉄道、蒸気エンジン、ドイツのスティール製品、アメリカの農機具、ハンガリアの家具などであり、数多くの新しい製品が展示された。それにも増して人々を驚かせたのが水晶宮（Crystal Palace）であった。長さ 563m、幅 124m の鉄骨とガラスで造られた巨大なパビリオンで、芸術的傑作としてもてはやされたのである。残念ながらこのパビリオンは、一時解体された後再建されたものの焼失してしまったが、万国博覧会の最も華やかな象徴的パビリオンとして万博の名声を世界（当時は欧米の範囲であったが）に轟かせたのであった。

　この第 1 回のロンドン万国博覧会の成功によって各国の万博熱はいやがうえにも高まり、1855 年にパリで第 2 回万博が開催されることとなる。当時フランスはナポレオン 3 世。ロンドン万博に負けじとフランスでの開催に意欲を燃やし、テーマはフランスらしく農業、工業（産業）、美術。この博覧会ではおびただしい数の新しい機械が展示された。芝刈り機、洗濯機、ミシン、声を出す人形、連発銃、ガソリン車などが大勢の人々を驚かせたのである。またフランス革命によって共和制となっていたのをナポレオン 3 世が 1852 年に帝政に戻して 3 年後であったことから、英国のヴィクトリア女王も博覧会に訪れ、英仏の連携をアピールするという政治外交意識をもたらした博覧会であったといえる。

　その後、国際博覧会はパリ、ウィーンで開かれた後、ヨーロッパからフィラデルフィア、シカゴとアメリカに渡って開催されるようになり、以後も開催地はブラッセル、シアトル、モントリオールと、ヨーロッパと北米に限られていたのであるが、1970 年アジアで初めて日本で万国博覧会が大阪で開催されたのである。

　昭和 30 年代の高度経済成長は我が国を経済大国に引き上げ、昭和 39 年に東京オリンピックの開催と東海道新幹線の開業によって、ますます国民の国際的イベント開催への意欲が強まり、東京でのオリンピックの成功が第二の都市大阪での万国博覧会開催へとつながっていったのである。

　大阪万博は昭和 45（1970）年 3 月 14 日から 9 月 13 日までの 183 日間開催されたが、6,400 万人もの人が会場へ足を運んだのであり、日本中が熱狂し、その興奮と記憶は長く続き、国民に国際博覧会への期待を根付かせたのであった。

大阪万博の熱意が冷めやらぬ中、沖縄の本土復帰の気運の高まりを受けて本土復帰を記念して海をテーマに沖縄で博覧会をという声が沖縄県（当時は米国の施政権下にあったので琉球政府）から出され、これを受けて 1975 年から 76 年にかけて沖縄国際海洋博が開催された。その後は日本での国際博覧会は開かれていなかったわけであるが、国家的プロジェクトの筑波研究学園都市の概成というエポックを捕らえて、科学博を招致しようという動きになったといえる。

国際博覧会の開催は国内的要因と国外的要因によって決められてきているが、国内的要因としては大義名分とテーマが国内的に認められるかということであり、大阪万博、沖縄海洋博、つくば科学博はそれぞれ、オリンピックは東京だったので万博は大阪、沖縄の本土復帰、研究学園都市の概成であったといえるが、以後 1990 年の国際花と緑の博覧会は大阪市制 100 年の記念、2005 年の愛知万博は中部圏での開催といった位置づけが決め手となって開催されてきたわけである。

国外的要因としては、国際博覧会は各国ともできれば開催をしたいと願うわけであり、それを実行するだけの財政力や開催能力が BIE という国際機関で認められ、それが認められるにあたっては各国や地域バランスを考慮されるわけであるので、それをクリアしていかないと開催することはかなわないといえる。

9.4　博覧会国際事務局 ——BIE

国際博覧会は、フランスのパリにある博覧会国際事務局 BIE（The Bureau of International Expositions）に開催を希望する国の政府が申請して BIE 総会で承認されなければ開催することができない。国際的な博覧会が成功を収め、評判が高まれば高まるほど国が新しい技術による経済の発展や文化を披露する博覧会の計画が乱立するようになり、これを調整する常設の委員会が設立されたが、多国間政府協定によることが必要となり、1928 年にフランス政府の提唱により、パリで 31 カ国の代表が集まって協議して国際博覧会条約が作られる。これに基づいて BIE が設立された。

この国際博覧会条約では、国際博覧会は二つ以上の国が参加する、"公衆の教育を主たる目的とする催しであって、文明の必要とするものに応じるために人類が利用することのできる手段または人類の活動の一つもしくは二つ以上の部門において達成された進歩もしくはそれらの部門における将来の展望を示すものをいう" と定義されている。

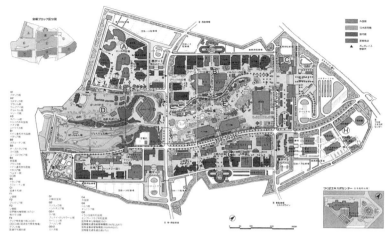

（提供：つくば科学万博記念財団）

図9-1　会場図

　国際博覧会の開催には、BIE が絶対的な力を有しているといえる。
　BIE は開催希望国政府からの申請を受けて予備的な調査を行って、その結果を BIE 総会に報告して決定されるという仕組みとなっている。国際博覧会は、現在では登録博と認定博の二種類がある。
・登録博：開催期間は 6 週間以上 6 カ月以内とする
　　　　　開催間隔は原則 5 年置きとする等とされ
　　　　　テーマは一般的、総合的な内容
・認定博：開催期間は 3 週間以上 3 カ月以内とする
　　　　　会場面積が 25ha 未満であること
　　　　　明確なテーマを掲げるものであること
　　　　　登録博の間に 1 回開催されること等とされ
　　　　　テーマは特定、専門的な内容

　現在の仕組みは 1988 年の BIE 総会で決定されたものであるが、それまでにおいて、各国では巨額な投資が必要とされるにもかかわらず、国際博覧会の開催へ立候補することが後を絶たず乱立気味で、本来の博覧会の目的である公衆

の教育を主たる目的とする催し、人類の達成した進歩や将来の展望といった定義に沿うテーマの取り上げ方が曖昧となり、国の発展の PR、開催国の経済発展などの目的によると考えられるものが多くなってきた。そのため、乱立を抑制し、博覧会の分類と開催間隔を規制しようとして改正されたのである。最初の認定博は、2003 年のロストック国際園芸博覧会、最初の登録博は 2005 年の愛知万博であった。

　つくば科学博の時代は、国際博覧会は一般博と特別博という分類であった。一般博として最初に開催されたのが 1933 年の第 2 回シカゴ万博で、この時テーマも初めて設定され、「進歩の一世紀」というものだった。1935 年のブリュッセルの第 3 回万国博覧会も一般博だったが、翌 1936 年の第 6 回ミラノ・トリエンナーレとストックホルム国際博覧会はいずれも特別博として開催された。

　一般博と特別博の違いは、
　・一般博：人類の諸活動の二分野にわたるもの
　・特別博：人類の諸活動の一分野によるもの

とされ、わかりやすくいえば、一般博は広く人類の進歩をテーマとして、特別博は特定の分野をテーマとするもので、1970 年の大阪万博は一般博、1975 年から 1976 年の沖縄海洋博、1984 年のニューオーリンズの河川博、1985 年のつくば科学万博、1990 年の花の万博などは特別博として開催されたのである。

9.5　開催に至る国内手続き

　ここで、開催までに至る国内手続きについて少し詳しく見ておくことにしよう。国際的なイベントである国際博覧会が開催されるには、時間と多数の関係機関や関係者の理解と協力がなければできないからであり、博覧会の会場へ来て感激した人々も、それまでの関係者のしてきたことを知れば、なおさらその意義がよくわかるからである。

　前にも少し述べたように、昭和 52 年頃には非公式ながら筑波の地で科学技術に関する国際博覧会をしたらどうかということが関係者の間で語られ始めるが、その後の経緯を要約すると概ね次のようになる。

昭和53年5月	科学技術庁が関係省庁に科学技術に関する国際博覧会の構成について意見打診を開始する。
7月22日	科学技術庁が竹内茨城県知事に協力要請をする。
9月18日	竹内茨城県知事が国際科学技術博覧会の誘致に関する要望を国に行う。
9月22日	科学技術庁が筑波研究学園都市を開催予定地とするコンセプトプランを発表する。
11月24日	国際科学技術博覧会開催促進議員連盟が超党派で構成される。（代表世話人　竹下　登）
昭和54年3月26日	国際科学技術博覧会推進協議会が発足する。これが後に国際科学技術博覧会協会となっていく。
6月8日	「科学技術に関する国際博覧会」の問題に関する調査検討を行うことが閣議了解される。
11月27日	「科学技術に関する国際博覧会」の開催申請が閣議了解される。
11月28日	政府がBIEに科学技術に関する国際博覧会の開催希望通知を出す。

　昭和53年5月の科学技術庁の意見打診の開始から54年11月27日の閣議了解に至るまでの1年半の間には科学技術庁、茨城県、議員連盟、各省庁の間でかなりの議論が重ねられたが、国の財政状況もあって多大な国費を使うこととなる国際博覧会に対しては、財政当局の了解を得ることが最大の課題だった。

　特に問題となったのは、関連の公共事業の費用であった。首都圏で開催する博覧会であるから、たくさんの人が会場へ足を運ぶであろうと考えられ、その数は2,000万人と推計された。そのために常磐道の整備、一般道路の整備、常磐線の強化が必要とされ、さらに博覧会開催に関係する下水道の整備、河川の整備等が必要になる。厳しい財政状況を勘案して、会場規模も当初案を縮小して100haとすること、会場用地は茨城県の責任と負担において取得することとされて閣議了解されたのである。閣議了解が11月の末に決められたことは重要な意味を持つのである。

　すなわち、国際博覧会は各国の政府のみしか申請できないわけであるから、正式申請の前段階の予備申請といえども政府が関与していることが明らかでなければならず、閣議の了解が必要であるのが第一の理由である。さらにもっと大事な理由は予算である。国際博覧会を開催するには多額の国の予算が必要となる。その意味で、財政当局としては慎重にならざるを得ない。総額がどのく

らいで国の予算がいくら必要とされるのかは不明のまま、しかし科学技術博覧会を開催するための準備的な経費の予算化が必要となってくるわけで、それを予算編成の行われる12月までには政府としての方針が決められていなければならないからである。こうした理由から、閣議了解が11月末になったのである。もっとも、この閣議了解で必要となる関連公共事業の全体を決めたのではなく、財政当局と各省の間で詳細な詰めが必要になってくる。東京から50キロ離れている会場予定地への輸送の問題をはじめとして、下水道や河川の整備を図る必要があるからである。特に2,000万人の入場予定者の輸送が一番問題となったのであるが、鉄道と道路でそれぞれ1,000万人ずつ来場するという輸送が決められていったのである。

　大がかりな作業と調整がかかり、閣議了解から2年後の昭和56年11月6日に「国際科学技術博覧会関連事業計画について」が国際科学技術博覧会関係閣僚会議で了解された。その要旨は次のとおりである。

1. 道路事業　　　約3,955億円
   (1) 高速自動車国道　　常磐自動車道三郷－日立南間と東関東自動車道成田－大栄間の建設
   (2) 首都高速道路　　6号線（Ⅱ期）と足立三郷線の建設
   (3) 一般国道　　　4号春日部古河バイパス
   　　　　　　　　　6号土浦バイパス等8路線のバイパスや拡幅
   (4) 地方道　　　取手筑波線等11路線の整備
   (5) 街　路　　　学園西大通線（臨時駅への連絡）等6路線
   (6) 区画整理　　（牛久駅地区）
2. 鉄道関係事業　　約150億円
   (1) 国鉄常磐線の中距離電車を15両化し、必要な車両、駅設備等を整備する
   (2) 牛久駅と荒川沖駅間に臨時駅を設置する
   　　（ここからシャトルバスで会場へ輸送する）
3. 下水道事業　　約95億円
   会場より発生する下水の処理のため下水道を整備する
4. 河川事業　　　13億円
   会場地建設に伴う雨水流出に対処するため防災調節池を整備する

この閣議了解を受けて茨城県は会場用地の選定に直ちに乗り出すのであるが、地元では当然期待がふくらみ、対象地が決まると地価が上昇し、ゴネ得なども発生することも考慮して、県としては候補地を谷田部町と筑波町の2カ所選定するという方針を打ち出すのである。

　この方針は、ある意味ではなかなか計算ずくのものであったといえる。2カ所を候補地にすることで、候補地同士で開催地となることの名誉と実利を得ることを競争することとなったからである。すなわち、万博会場地となれば日本ばかりでなく世界から認められる町となることに加えて、後世まで残る町としての遺産となるわけであり、しかも会場地となることによって関連公共事業によって公共施設が立派になるばかりでなく、大規模な建設によって地元経済が潤うほか、会場のパビリオンの出展企業の関係者も多く来ることにより産業界も活性化する実利が発生するからである。いわゆる万博景気が地元を潤すのである。したがってそのためには、候補地となった地元の谷田部町や筑波町、候補地となった地主も、競争に勝つためには用地買収に協力するというインセンティブが強力に働くこととなったといえる。

　それでも茨城県としては、会場地の取得は県の責任で行うことを国に約束した手前、こうした手法をとっても土地区画整理の取得に協力してもらえない所有者には土地収用も辞さないという方針をとったのである。すなわち、二つの候補地は、収用権の対象事業である首都圏都市開発区域の整備に関する法律に基づく工業団地造成事業を都市計画事業決定をして実施することにしたのである。その結果、両候補地の用地取得は順調に進捗し、昭和55年秋に科学技術庁は茨城県、国際科学技術博覧会協会、大蔵省、建設省等の関係各省と協議をして、竹下登議連代表世話人の調停により、12月に地元6カ町村の了解の下、会場地を谷田部町と決定したのである。

　谷田部町に決定された理由は、次のとおりである。

① 　入場者の大部分は常磐線または常磐道を利用するものと考えられ、常磐線最寄り駅からシャトルバスでピストン輸送せざるを得ない。そのため必要な車両、要員の確保も効率的運用をすることが大事であり、そのためには常磐線、常磐道から近いこと

② 　博覧会開催には道路、下水道、河川等の整備に多額の費用が必要であるが、整備延長が谷田部町の方が少なく財政支出上も好ましいこと

③ 　博覧会運営中は、さらに大規模な上・下水道、ガス、電力を使うため、そのための投資額が少なくて済む谷田部町にせざるを得ないこと

一方科学技術博覧会協会では、基本構想委員会を設けてコンセプトをまとめ、昭和55年6月12日にBIE理事会へ我が国の科学技術博覧会のテーマ案を提出した。それが「人間・居住・環境と科学技術」（Dwellings and Surroundings－Science and Technology for Man at Home）である。このテーマ案は科学技術博覧会の前年に開催されるニューオーリンズの河川博、翌年に開催されるバンクーバーの交通博覧会とテーマ案がダブらないように作られたもので、河川博、交通博といった単純明快なネーミングではないところが苦肉の策といったものとなったと言われてもしようがないのである。どの博覧会でも開催当時の産業や技術の発展をベースに置いていて、それは科学技術の「発展」と密接に結びついているわけで、単なる科学技術博覧会だけではなく、それまで使用されていない居住・環境という言葉を使っての博覧会という独自性を訴えたのであった。

写真9-2　会場中央部　（写真提供：つくば科学万博記念財団）

9.6　世界に開かれた茨城づくり

昭和54年3月に国際科学技術博覧会茨城県推進協議会が発足した直後に知事に再選された竹内県政の最大の課題は、博覧会の誘致であった。そして11月に科学万博開催の閣議了解を得て、国内体制は整ったことから、第2期の県政の目標となる県計画の作成に取り組むこととなる。昭和55年7月に策定された県計画は正式名称は「第2次県民福祉基本計画」とされ、二つの基本方針

と五つのテーマでまとめられた。二つの基本方針とは「調和のとれた活力のある地域社会づくり」と「世界に開かれた茨城づくり」であり、五つのテーマとは「生活環境の整備」「健康と福祉の増進」「教育と文化の振興」「農林水産業と中小企業の振興」「豊かな県土づくり」というものであった。

　この中で特に注目すべきなのが「世界に開かれた茨城づくり」である。当時として県計画の目標に"世界"という文言が入ることは極めて珍しいことであったし、世界との交流に慣れていない一般の県民にとっても少しオーバーな表現のように受け取る向きがあったのであるが、科学技術博覧会の誘致によって筑波研究学園都市が科学都市として世界でも認められることにより、茨城県全体も世界での知名度を上げ、交流が深まりそれが県の発展にも寄与するという願いを込めて掲げられた基本方針だったのである。科学万博の誘致が茨城県を世界に開かせようとした意気込みを持たせたといえ、科学万博は筑波研究学園都市ばかりでなく、茨城県全体の発展の要因となった意味で重要な意義を持ったといえる。

　世界に開かれた茨城づくりを謳った「第2次県民福祉基本計画」の発表から2カ月後の昭和55年9月に、BIEの調査団が準備状況の調査のためフランス人2人とロシア人1人の3人が先発隊として来日した。まず東京で科学技術庁を訪れ、中川一郎科学技術庁長官などから政府の説明を受け、翌日つくばの現地

写真 9-3　いばらきパビリオン　（写真提供：つくば科学万博記念財団）

視察に来て宿泊したのだが、その夜震度3程度の地震が調査団をお迎え（？）したのである。地震を経験したことのないヨーロッパの調査団一行はびっくりしたようだった。

　会場予定地視察の後、土浦で茨城県の担当者のブリーフィングを受けた後一足遅れて到着したBIE議長も合流して、翌日、水戸で知事以下県幹部のブリーフィングが行われた。BIEの議長はカナダ人で、1985年に立候補しているつくば万博の前年にバンクーバー博の開催が予定されている国でもあったため、交通博と科学博が競合することは賛成ではないのではないかというおそれが日本側にもあった。

　先発隊も、議長との関係で来日初日の科学技術庁でも堅苦しさがとれていないという情報もあり、地元茨城県としては、そうした危機感もあって、徹底した作戦を立ててプレゼンテーションに臨み、博覧会を成功させる日本人の組織達成能力を力説した。また、つくば万博は人間・居住・環境と科学技術というテーマでありバンクーバーの交通博との違いや、2,000万人の入場予想者への常磐道をはじめとする、主要道路の整備、常磐線に臨時駅を造って二両連結のバスでピストン輸送すること等、事細かにプレゼンテーションを丁寧にし、現地案内もマンツーマンで接遇した。

　バンケットでは、和食のときは英語のメニューを用意して和食の説明や箸の使い方の手ほどきなど、日本得意の「おもてなし」で調査団の調査が成功裡に終わるよう関係者一同努力をしたのであった。これはまさしく「世界に開かれた茨城づくり」の実践であったのである。地元での予備調査は極めて好評のうちに終わり、その後再び東京の科学技術庁で科学技術長官以下の日本政府との会合後帰国したのであるが、科学技術長官からは、来日当初の堅苦しい雰囲気から一転してなごやかになったと、茨城県でのプレゼンテーションと接遇に対するお褒めの言葉が竹内知事に届いたのであった。

　予備調査団の調査結果は11月26日のBIE総会で報告されて了承され、昭和60年春から秋にかけて6カ月ということも承認されたのであった。この承認後4カ月間は他国からの競合する申請があるか待つ必要があるのであるが、結局競合申請はなく、昭和56年3月26日につくばの地での科学万博開催が決定され、日本政府は3月31日に閣議決定により会期を昭和60年3月17日から9月16日までとする正式登録申請をし、4月22日BIE総会で満場一致で承認され正式に開催が決定されたのである。第2次県民福祉基本計画で唱えた「世界に開かれた茨城づくり」の扉がつくばの地で開かれたのである。

9.7　科学万博の開催

　このようにして準備された科学万博は我が国にとっても久し振りの万国博覧会であり、筑波研究学園都市という新しい都市で行われたこともあり、日本を含めて48カ国、37国際機関が参加して開催され、最終的には2,033万人が来場し、成功裡に終わったのであった。

　科学万博は宇宙、ロボット、バイオ等の最新技術をテーマとして、それをわかりやすく、しかも科学技術のもたらす将来への"夢"を展示するものであった。博覧会も映像中心の時代となって、入場者もそれを目当てに来るといった状態であり、日本初の四分の一の球スクリーンで茨城の自然と科学技術博覧会の映像を見せたいばらきパビリオン、科学技術博覧会の発達を見せつける日立グループ館、3Dのファンタジーを見せる住友館などに人気が集まり、エレクトロニクスとロボットを見せる東芝館、革新的な水気栽培で1本の苗から1万個以上の実ができるトマトの木など目を見張るものが日本政府出展のテーマ館で展示されるなど、科学の発達が人間生活にいかに役立っているのかを実感させられたのである。

9.8　科学博がつくばへもたらした効果

　このように科学万博が多くの関係者や地元の熱意と努力と周到な準備によって開催され、成功を収めたことがつくばの地へもたらしたものは大きかった。特に、筑波研究学園都市づくりにもたらしたものは絶大であったといえる。それは筑波研究学園都市の本格的熟成化であり、国際研究学園都市への確かな手応えであった。

(1)　筑波研究学園都市の熟成

　科学万博の開催と成功は、日本国内での筑波研究学園都市の評価を決定的にしたことである。科学技術立国を目指す我が国において、その中核的地位にあるつくばが博覧会開催地として選定され、今後も国の科学技術政策、研究のメッカとして国がオーソライズをするという意味に捉えられたからである。科学技術の発展が産業を発展させることからいえば、産業界として科学技術研究のメッカである筑波研究学園都市に研究所や工場を立地するというインセンティブが当然働いてくるわけである。

昭和55年当時、筑波研究学園都市は東京からの移転機関の移転が完了し、概成を迎えたものの、人口の定着が計画の1/3程度にしか過ぎないばかりか、国立の大学や研究機関ばかりで民間がないのでは都市としては偏ったものという認識も強かったのであり、民間企業の誘致が必要となっていたのである。したがって科学万博によりつくばの知名度が上がったことを機に、企業誘致に全力を挙げようということになるのである。

(2)　インダストリアル・パーク
　一般的に国際博覧会はかなり広い敷地を使って開催されるものであるから、跡地をどうするかは問題となるが、日本で開催された国際博覧会は大阪の万博、沖縄の海洋博、大阪の花博、愛知の愛・地球博の跡地はすべて公園として残されている。唯一、つくば博は公園として残す方法をとらなかった。それには二つの理由がある。
　一つ目は財政的な理由である。科学技術博覧会の開催にあたって政府から茨城県に対する条件の一つに、会場地は茨城県の負担と責任において取得することとされていたことは前述したが、県としては候補地を谷田部町と筑波町・大穂町の2カ所にして用地の取得をしたこともあり、大阪万博や沖縄海洋博のように公園として残すことは財政的な制約から選択できなかったのである。したがって二つの候補地について特別会計を作り、企業用地として分譲して採算をとる方式を採用したのである。
　二つ目は、景観に優れた良好な団地を造ろうとあらかじめ決定したことである。当時米国ではインダストリアル・パーク（Industrial Park）という概念が流行っ

写真9-4　会場の賑わい　（写真提供：つくば科学万博記念財団）

ていたのであるが、あたかも公園の中にあるような工場や研究所を造るという考え方である。煤煙や汚濁水を排出する旧来の製造工場と違って、そうしたものを排出せず、しかも外観も綺麗なエレクトロニクスの工場等が増えてきて、工場敷地の緑化にも力を入れるようになってきたことの表れでもあったといえる。国際博覧会を行った筑波研究学園都市にふさわしい、緑に囲まれた景観に優れたインダストリアル・パークを実現しようという試みである。

したがって、博覧会の会場計画も将来の工業団地計画と整合性のあるものとして、団地内道路を四角ばらず曲線を入れたり、敷地境界いっぱいにパビリオンを造らず、緑地帯を設けて植樹をし、景観計画を入れた工業団地を造る前提の会場づくりをしたのである。このことは次章で「景観」として取り上げるので、詳細はそちらに譲ることとする。

科学万博による知名度と景観計画を採り入れた科学博跡地の西部工業団地と北部工業団地は、売り出しと同時に完売といった盛況となり、それに勢いを得て、住宅都市整備公団の工業団地も造成するという展開となったのであり、平成14年現在では108社、従業員7,082人の企業が筑波研究学園都市に立地するまでになったのである。

(3) 国際都市化

科学万博が筑波研究学園都市づくりにもたらした効果として、筑波研究学園都市の国際化に拍車をかけたことが挙げられる。研究、特に科学技術の研究には国境がないという意味において、それ自体が国際化という要素を内在しているものである。筑波研究学園都市は多くの研究機関が立地しているわけであるから、トータルとしての筑波研究学園都市は、より国際化をしているのであるが、科学万博によって世界に知名度が上がったことによって世界の研究機関の注目が一層高まり、研究交流、共同研究、情報交換が増えることになるといえる。

① 国際会議の開催件数

国際会議の開催件数は、都市の国際化を示す最もわかりやすい指標であるが、通常は東京、大阪、京都等の大都市が上位を占めている。しかし人口20万のつくば市は10位以内にほぼランクされている。2003年からの経年の推移は次のとおりである。

年	2003	2004	2005	2006	2007	2008	2009	2010	2011	2012
開催数	72	56	60	64	82	80	74	69	40	53
順位	7	9	7	8	7	7	9	8	10	11

(日本政府観光局：国際会議統計)

② 外国人教員の受入数

2006年のデータであるが、外国人教員の受入数の全国の順位で、筑波研究学園都市の高エネルギー研究所が3位、筑波大学が9位、産業技術総合研究所が10位とベストテンに3機関が入っているほど、筑波研究学園都市では外国人教員を受け入れている。

③ 外国人留学生

独立行政法人日本学生支援機構が実施した外国人留学生在籍状況調査によると、平成23年5月1日現在全国で138,075人の外国人留学生が在籍しており、そのうち筑波大学は1,363人と全国で七番目の多さである。

このように、筑波研究学園都市の国際化は進んでいるといって過言ではない。

④ 国際共同研究

欧州との共同研究を行っている高エネルギー研究所の素粒子研究や産業技術総合研究所が力を入れている人間支援ロボットは、日本の規格が世界の規格に

写真9-5　エキスポセンター　(写真提供：つくば科学万博記念財団)

なる等筑波研究学園都市の国際的地位はますます向上し、開かれた世界に向けて発信し続けているのである。

　最後に、科学万博のモニュメントを掲げておこう。博覧会の開催が後世にその歴史を刻み込まれるのは、モニュメントとして残されているものがあるからである。1898年パリ万博のエッフェル塔や大阪万博の太陽の塔が有名である。つくば万博後も、第二会場だった都心部のエキスポセンターはその後も常設され科学技術の展示を公開しているほか、会場地でも政府館に造られた高さ10mのガラスと鉄骨で造られた「科学の門」が会場内の公園だった万博記念公園に残されていて、当時の万博を偲ぶよすがとなっている。

［参考文献］
1) 「国際科学技術博覧会の概要」、茨城県国際博協力局、昭和58年3月
2) 「国際博覧会概要」、国際科学技術博覧会協会、昭和58年8月
3) 「科学万博―つくば '85 公式ガイドブック」、国際科学技術博覧会協会、昭和60年3月
4) 「国際科学技術博覧会公式記録」、国際科学技術博覧会協会、1986年
5) 「Tsukuba Expo '85 公式記録写真集」、国際科学技術博覧会協会、1986年
6) 「新しい会場環境の創造　国際科学技術博覧会会場基盤整備建設記録」、住宅都市整備公団、昭和60年10月
7) 「筑波研究学園都市　景観審査会記録集」、住宅・都市整備公団茨城支社、1999年9月

第 10 章　景　観

10.1　はじめに

　筑波研究学園都市、特に研究学園地区は新しく計画的に造られた都市である。高蔵寺ニュータウン、多摩ニュータウン等の新しい都市計画づくりに取り組んできた日本住宅公団を中心にして、都市計画学会等の都市計画関係者が英知を傾けて造ってきた都市である。

　自然発生的に造られた街と違って道路、公園等も計画的に造られていることからいっても、雑然とした街ではなく、整然とした都市景観を持つように設計されて造られてきたのである。一団地の官公庁施設、新住宅市街地開発事業、土地区画整理といった都市計画の手法を利用して建設されてきた、新しい計画都市である。

　道路や公園といった基幹都市施設も、他の都市にはなかなか見られないモデル的な施設が造られた。道路についていえば、学園東大通りが 5.7km、学園西大通りが 2.1km にわたっていずれも幅員 50m で都市計画決定され造られている（図 10-1）。名古屋や広島での 100m 道路は有名であるが、首都東京でも標準幅員 50m の道路はないのに、この筑波の地に標準幅員 50m の道路を造ろうというのは画期的であったし、この二つの道路以外にも学園北大通り、中央通り、

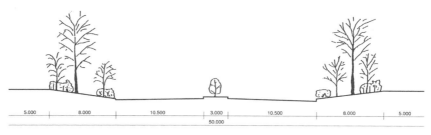

（出典：UR 都市機構「都市計画開発事業の記録」）

図 10-1　学園東大通り断面図

南大通り、土浦学園線、牛久学園線などの広い道路が造られ、公園も北に松見公園、南に洞峰公園といった大きな公園の配置を軸に、都心地区や住宅地に巧みに配置されていることは、広々とした空間を都市に与え、都市景観を表現しているといえる。名古屋や広島の100m道路が都市のシンボルでもあり、代表的景観を形づくっているのと同じであるといえる。

　昭和45年に制定された「筑波研究学園都市建設法」においては、都市づくりについては「研究学園都市にふさわしい公共施設、公益的施設および一団地の住宅施設を一体的に整備するとともに、当該施設を均衡のとれた田園都市として整備することを目的とする」と規定していて、「景観」という文言は記されていない。しかし都市づくりの当局者の間では、景観を大事にしようとする考えがあった。「筑波研究学園都市建設計画法」が制定されてから、筑波研究学園都市建設にあたっての基準づくりが進んでいくこととなる。

　研究学園都市建設推進本部は、「筑波研究学園都市建設計画の大綱」と「筑波研究学園都市公共公益事業等の整備計画の概要」を昭和46年2月19日に定める。

　そして「筑波研究学園都市の景観・環境等の整備に関する大綱」（以下「景観・環境大綱」という）が昭和47年に策定される。「景観・環境大綱」は研究学園地区およびこれと一体となる市街地の建築物等の規模・配置等について定められていて、「道路周辺の景観環境」「公園・広場及び歩行者路の周辺の景観と環境」「建築物及びその敷地における景観と環境」「自然環境の保全」という四項目に分けて記述され、建築物、道路、公園からセットバック規制、建築密度、高さ制限、色彩、外構などの規制が示されていて、これが筑波研究学園都市の景観計画のバイブルである。

　そして「筑波研究学園都市移転予定機関等の移転計画の概要」（以下「移転計画の概要」という）を昭和48年4月16日に決定する。「移転計画の概要」は移転する研究機関等の建設についての基本方針を示したもので、移転機関の施設整備計画の概要、各機関の移転時期、着工時期、概成時期を示したのである。その中で、移転機関の建設にあたって各機関相互の連携を図り公害の防止、景観の調和に努めることとする、としている。

　この「景観・環境大綱」は、筑波研究学園都市の景観計画のバイブルといってよく、その詳細は以下のとおりである。

「筑波研究学園都市の景観・環境等の整備に関する大綱」

　研究学園都市にふさわしい市街地規模を形成するため、研究学園地区及びこれと一体となる市街地の建築物等の規模、配置等に関する大綱は次のとおりとする。
1. 道路周辺の景観と環境
　（1）　新住宅市街地開発事業の施行区域の建築物等（独立住宅を除く）は、幹線街路から10m以上、一団地の官公庁施設の区域の建築物等は幹線街路から30m以上のセットバックを行う。
　（2）　新住宅市街地開発事業の施行区域の建築物（独立住宅を除く）は、住区内幹線街路から5m以上、細街路は1.5m以上のセットバックを行う。
　（3）　セットバックした空地は、原則として植栽地とする。
　（4）　幹線道路沿いの建築物は、高さ及び形態について調和のとれたものとする。
　（5）　街路樹その他沿道の樹木等は、調和のとれた種類とする。
　（6）　中心市街地及び幹線道沿いについては、極力架空線を設置しないものとする。
　（7）　街路灯等は、位置、形態等について調和のとれたものとする。
2. 公園・広場及び歩行者路の周辺の景観と環境
　（1）　公園の周辺の建築物の配置は、極力開放的な空間を保持するよう配置するものとする。
　（2）　新住宅市街地開発事業の施行区域内における公園、広場及び歩行者路（以下「公園」という。）の周辺の建築物は、公園等から5m以上のセットバックを行う。
　（3）　公園等の周辺の建築物は、高さおよび形態について調和のとれたものとする。
　（4）　歩行者路には植栽地、ベンチ等を設けるものとする。
3. 建築物およびその敷地における景観と環境
　（1）　建築物の建築密度等は、おおむね下記の数字を基準とするものとし、調和のとれた配置、高さ、形態とする。

種別		容積率（％）	建ぺい率（％）	敷地境界からの壁面線の距離（m）
中心地区		300以下	80以下	1.5～5以上
集合住宅地	低層	55 〃	35 〃	1.5 〃
	中層	80 〃	20 〃	5 〃
	高層	120 〃	15 〃	5 〃
独立住宅地		50 〃	30 〃	1.5 〃
研究教育施設		100 〃	30 〃	10～30 〃

　（2）　主要な公共的建築物は、研究学園都市にふさわしいデザインとする。
　（3）　建築物の基調となる色彩については、原色をさけ、調和のとれたものとする。
　（4）　屋外広告物、屋上工作物等は、極力設置しないものとする。

(5) 遮蔽的な囲障は、原則として設置しないものとする。
(6) 敷地の自動車の出入口は、幹線街路の交通を阻害することのないよう、その位置、構造等について十分考慮するものとする。
(7) 周辺との調和をとることが困難な特殊な施設(例えば各種処理場、特殊研究施設等)については、その周辺に緑地帯等を設ける。
(8) 建設に伴ない必要となる仮設建築物については、地区別に一定の区域を定めて集約的に建設させる等市街地の環境が悪化することのないよう指導する。

4. 自然環境の保全等
(1) 既存樹木の乱伐をさけ、修景的な活用をはかる。
(2) 研究所、住宅団地等の広い敷地には、当該敷地内に緑地を設けるものとする。
(3) 自然の地形、水面等については、極力これを活用した設計とする。
(4) 市街地の主要な地点からは、可能な限り筑波山を眺望できるよう建築物の高さ、配置等について配慮する。

これが基本となって一団地の官公庁施設、一般住宅地、都心地区の景観計画が作られていくのである。

筑波研究学園都市の景観に関しては、筑波研究学園都市の建設の進展による変遷があることに注目しなければならない。すなわち、筑波研究学園都市の概成時までの景観計画、概成時からの都心センター地区の景観計画、概成後の工業団地造成事業の景観計画、そしてつくば市景観条例の制定時からの景観計画と長期にわたって筑波研究学園都市の景観が積み重ねられてきているのである。

写真 10-1　道路景観(学園東大通り)

第 10 章　景　観　157

写真 10-2　道路景観（ゆったりした歩道）

写真 10-3　公園景観（洞峰公園）

10.2　建設当時からの景観計画

(1)　一団地の官公庁施設の景観計画

　筑波研究学園都市は、東京の既成市街地の大学や研究機関を移転するプロジェクトであり、研究学園地区2,700haのうち1,500haが充てられることになった。これらの移転機関の配置計画（レイアウト）は前に述べたとおりであるが、これらの移転機関の建設は「一団地の官公庁施設」の都市計画決定に基づき、昭和43年10月の「一団地の官公庁施設に関する都市計画事業決定」で事業が実施された。この「一団地官公庁施設」の都市計画において既に、

　　建ぺい率：30％以下
　　容積率　：100％以下

と決められ、その後昭和48年3月に作成された「一団地の官公庁施設建設計画標準及び設計基準」によってさらに詳細に次の基準が決められ、これによって移転機関と建築物の建築を担当する建設省官庁営繕部が協議しながら研究機関の建設をしていったのである。この計画標準のうち景観に関するものは、緑化率と敷地外周部の緑地帯である。

　　緑化率　：敷地の30％以上
　　敷地外周部の緑地帯：幹線道路沿いに幅30mの緑化地帯を確保
　　　　　　　　　　　その他の敷地境界沿いに幅10mの緑化地帯を確保

　このように移転機関は、東京の既成市街地の3倍もの広い面積の筑波研究学園都市の土地に立地したこともあって、敷地にも余裕があり建ぺい率、容積率も低く、かつ、緑化率30％以上、敷地外周部の緑地帯をとることも十分可能であり、まさに緑に囲まれた景観・環境に恵まれた研究が可能となったのである。もっとも建設当初は、緑の木々もまだ苗木を植えた程度で、現在のような森や林の中の研究機関という感じではなかった。しかし、それでも移転が完了して概成した昭和50年代後半には、木々も育ち始め、夜間東大通りを車で走っても街路灯以外光がないことから、夜が暗い、ゴーストタウンのようだという声もよく聞かれたほどであった。したがって都市というと賑やかで光にあふれたというイメージが多い人々にとっては、やや物足りないという感情を持つこともやむを得ないことであった。

　しかしイギリスのオックスフォードやケンブリッジなど大学都市は緑も多く、静穏な街であり、我が国でも緑に囲まれた落ち着いた街が出来上がったという点は見逃せないだろう。

一団地の官公庁施設は国の教育・研究機関の団地のことであるが、筑波研究学園都市に移転した研究機関は、1990年代の行政改革によって独立行政法人に改組され、国の組織から切り離されることになった。したがって平成13年4月1日には、一団地の官公庁施設の都市計画決定が全面廃止となった。とはいうものの、これまでの基準に準拠して運用されてきたことから、平成22年4月9日に、これまでの一団地の官公庁施設の区域に都市計画法および建築基準法による地区計画が指定されることとなった。

　地区計画とは昭和55年に設けられた制度で、建築物の用途や形態・意匠の制限、容積率の最高限度・最低限度、建ぺい率、最低敷地面積、建築物の高さ、壁面の位置、外壁後退等を定めて、統一の取れた地区を造っていこうとする制度であり、良好な街づくりのお手本とされてきたドイツの詳細計画(Bebaungs Plan)に類するものである。

　この地区計画制度を、筑波研究学園都市も特に住宅地開発地では、平成2年8月に桜柴崎地区(旧桜村)を皮切りに地区計画をかけて良好な住宅地造りを進めてきた。しかし一団地の官公庁施設は土地の所有、管理主体が決まっていて、これまでの計画標準を順守してきており、今後もその方針を踏襲すると考えられたのであるが、それでも何らかのガイドラインが必要との考えから、筑波研究学園都市の担当の国土庁の筑波研究学園都市担当部局[注1)]が各機関のヒアリングを重ねて、最終的には地区計画制度にのせることとしたのである。これにより一団地の官公庁施設の区域を12の研究教育施設として、それぞれに地区計画が一斉に平成22年4月9日に決定したのであった。

　地区計画の景観に関する基準は、
　　建ぺい率　　：30%以下
　　容積率　　　：100%以下
　　建物の高さ　：20m以下
　　敷地境界からの距離：幹線道路は30m、他は20mないし10m
　　緑化　　　　：30%以下

　もっとも、施設によってはこれが難しいものについては、例えば建ぺい率を40%、容積率を20%、高さを20mなどの例外を認めている。しかし基本的には、従来からの計画標準が今後もずっと守られていくことが考えられる。

注1)　現在の担当は、国土交通省　都市・地域整備局　大都市圏整備課

写真10-4　研究所景観

(2) 住宅地の景観計画

　一団地の官公庁施設地区での景観計画の取り組みは当然のこととして、住宅市街地の開発にあたっても同様に取り扱われる。住宅地の開発で最初に手掛けられた花室東部地区で、昭和47年12月に計画標準が作られた(「筑波研究学園都市花室東部地区建設計画に関する計画標準」)。この計画標準は、第1章総則、第2章基本方針、第3章基本計画、第4章住棟配置設計に関する技術標準からなる詳細な計画標準であり、首都圏整備委員会の主催する研究学園都市学園地区建設協議会によってオーソライズされ、以後の住宅地づくりの基本となった。

　花室東部以外の計画標準は、昭和48年6月に「筑波研究学園都市計画住宅市街地の建設に関する計画標準」が定められ、住宅地に関して詳細な指針が示されたのである。この計画標準は、基本方針、各地区ごとの基本計画および技術標準からなり、基本方針では次の四つを示している。

　① 優れた都市景観の実現を図る。
　② 緑の保護、育成につとめる。
　③ 歩車分離の原則を尊重する。
　④ 快適な生活環境を実現する。

　この四つの基本方針は、いずれも住宅市街地を造るにあたっていかに景観を大事にしていたかを示している。

そして基本計画では花室東部地区、都心地区、大角豆地区、手代木地区および小野崎地区の地区ごとに、
① 各街区ごとの密度構成、高さおよび住棟形式、住戸数の指定
② 各敷地に関する壁面線の指定
③ 各敷地についてのアクセスおよびパーキングの位置と台数の指定
④ 保存すべき既存樹木の指定
⑤ 住棟配置、造成設計のための技術標準
が定められている。

特に壁面線の一般原則は、
① 幹線街路（都市計画道路）は、　　　　　10m 以上
② 住区内幹線道路（幅員 9m 以上）は、　　5m 以上
　　細街路（幅員 6m 以下）は、　　　　　1.5m 以上
　　公園・広場・歩行者専用道路は、　　　各 5m 以上
後退させることを原則としている。

そして技術標準として、日照時間を冬至において4時間以上を確保すること、隣棟間隔をとって日照やプライバシーを確保すること、植栽についても既存樹木を極力保存し、高さ 3m 程度の木を人口 1 人当たり 1 本に相当する量を植栽すること等を定めている。

写真 10-5　住宅地景観（無電柱化）

10.3 概成時の景観計画

(1) センター地区の景観計画

　研究学園都市は移転機関の職場から造り始められた街である。そのための基盤整備である道路や公園、そして研究機関の建物は逐次造られていくが、それに生活機能が追いつかない。わけても商業・業務機能、会議機能、宿泊機能が追いついていかないわけである。しかも建設当初に移転してきた研究所の職員や家族は、道路自体も満足な状態でないため、雨のときは道がぬかるみ、長靴で出歩かなければならなかった状態であったから、早く都市らしい生活や活動のできる中心地区（都心）の整備が望まれてきたのである。センター地区にも吾妻、竹園等の住宅地が含まれているが、ここでは、こうした住宅地以外の地区の景観計画について述べていくこととする。

　このセンター地区をどのようにして整備していくかは、昭和46年4月に首都圏整備委員会による「筑波研究学園都市の中心地区計画に関する調査」から本格化する。この調査では移転機関同士の協議・調整をする場所、日常的サービス（購買施設、飲食店、サービス業等）や宿泊施設などの中心的施設が必要であることが既に記されている。そして、こうした中心的施設の建設を主たる目的とする第三セクター筑波新都市株式会社が日本住宅公団、茨城県などの出資により、昭和48年9月に設立される。この第三セクターによって早速昭和49年度に「筑波研究学園都市の建設、管理、運営に関する調査」が行われ、学園ビルや都心地区の検討を開始し、これが後の学園センタービルの基本構想の調査へと継続する。

　一方、国土庁では大臣の諮問機関として「筑波研究学園都心構想懇談会」（通称「都心懇」）が設置され、昭和52年5月に都心地区整備構想の概要がまとめられる。これによると、都心地区全域にわたり歩行者専用道路を設けることとされるとともに、その周辺に公園を配置すること等のほか、土地利用として中央部に行政、業務、商業などの施設を集約的に配置することとされ、主な施設の中に集会、会議、宿泊等の多目的な利用に供する学園ビル（仮称）を配置することが記されている。これを受けて都心懇の中に「学園センタービル基本構想懇談会」が設けられ、

　① 研究・教育機関および居住者に対する商業・業務サービス機能
　② 研究・教育活動の一環としての集会・会合にかかる機能
　③ 居住者の文化活動に関する機能

④　居住者および来訪者に対する広報サービス機能
⑤　来訪者に対する宿泊機能

を一体的に整備する必要があると結論づけ、プロポーザル方式により磯崎新アトリエが選定され、音楽ホール、情報センター、ホテルを含む学園センタービルが昭和55年4月着工し、都心地区の核、筑波研究学園都市の核となる施設が誕生することとなる。時あたかも移転機関の移転が完了し、筑波研究学園都市が概成したと言われる時期であった。それにもまして、都心地区では新しい都市施設が集中して造られていたのである。地域冷暖房施設、廃棄物パイプライン施設、有線テレビジョン施設である。こうした施設は通常の都市では個々の建築物ごとに設置されるのであるが、電力やガスと同様、電柱、電話柱と電線を張りめぐらせて設置される。

　筑波研究学園都市で景観を大事にするという基本的な考え方からすると、それを避けた都市づくりが志向されなければならない。前に述べた「景観・環境大綱」の「1. 道路周辺の景観と環境」の中で、

　　中心市街地及び幹線道路沿いについては、極力架空線を設置しないものとする。

と規定されていることを受けて、電力、電話および上下水道は、都心地区の学園東大通り、土浦学園線および、学園西大通りに茨城県が共同溝を設置して地中化を図り、この県の共同溝をつなぐ市の共同溝を都心地区の街区に造って配電線を完全に地中化している。

写真 10-6　センター地区景観

また、地域冷暖房施設、廃棄物パイプライン、有線テレビジョン施設は、それぞれ供給区域ごとに市の共同溝に同時に収納することにより地上配線をなくすことにした。これにより都心地区では、我が国によくある、おびただしい電柱、電線類により景観を阻害することなく、広々とした上空空間を確保して優れた景観を現出することができている。

　特に、電気、電話および出上下水道は別として、地域冷暖房、廃棄物パイプライン、有線テレビジョン施設という新しい都市施設は、

① 　地域冷暖房施設は、建築物ごとに設置することによる効率的エネルギー使用のほか、建築物外観上も美観的に好ましいとはいえない給水・給湯施設の設置が不要になる利点

② 　廃棄物パイプラインは、各建築物から出されるゴミの置き場を、ある特定場所に決めなければならないことや、それを定期的に収集する清掃車の通行を不要とする利点

③ 　もともとはニュータウン造りのための電波障害によってテレビ放送の画像の受信が乱れるため造らざるを得ないことを受けて、コミュニティケーブルサービスという有線のテレビジョン放送を見られる利点

を有するもので、地域冷暖房施設はUR都市機構エネルギー事業本部が、コミュニティケーブルサービスは財団法人研究学園都市コミュニティケーブルサービスが現在でも運営しているが、廃棄物パイプラインは2009年度で廃止されている。

　廃棄物パイプラインシステムはごみ集塵施設と通称され、各所に置かれたゴミポストにいつでもごみを投入でき、一定の時間間隔でそのゴミが収集場所に真空方式により吸収され、そこから清掃センターに運搬して処理するため、コストが嵩むことのほか、排出されるごみが省資源化で減ってきたことと、分別収集の方法が変わってきて、粗大ごみはやはり収集車による収集となり、施設の老朽化による維持・改築費の負担も重なって結局廃止となったのである。

　少し本論から横道へ逸れたが、以上のような地中化によってセンター地区には上空を覆う電線・電柱類が一切ない景観が保たれているのである。

(2) 文教地区条例と敷地条例

　移転機関の移転が完了して筑波研究学園都市が概成したと言われる時期の昭和55年6月に、茨城県は二つの条例を筑波研究学園都市に関して制定した。「茨城県筑波研究学園都市文教地区条例」（以下「文教地区条例」という）と「茨城県筑波研究学園都市における建築物の敷地の制限に関する条例」（以下「敷地条例」という）である。

　この二つの条例は、いわゆるデザインコントロールという意味の景観規制ではないが、広い意味での景観対策である。研究学園都市という言葉は静穏な環境の下に研究・学問がなされるという含意があるように、遊興、娯楽都市というイメージにはそぐわない。東京から移転して来た人々もこの街に定着してきて、そのアンケート調査の中で、つくばにも風俗営業が増え始めていることを批判したり、ミニ東京は嫌だという意見も出されるようになってきていて、要約すると住宅も周りの環境も、水準の高い街を望んでいて、様々な用途の建物が混在しないようにすべきだということが明らかになった。したがって研究学園都市のイデアル型としての一つの用途地域制として、文教地区という制度があり、これを学園都市に指定しようとしたのが文教地区条例である。

　筑波研究学園都市の文教地区は全域が指定されているが、文教地区を指定している他都市は都市の一部に限定されているものが多く、全域を指定したのは筑波研究学園都市だけである。全域を指定したのであるから、文教地区の種類も第一種から第三種までの三つに分けられ、第一種が最も制限が厳しいこととされ、風俗営業的施設で文教地区になじまないとされるヌードスタジオ、モーテル等は全地区で禁止され、大型店やボーリング場、パチンコ屋、マージャン屋等は近隣商業地域や商業地域では建築が可能とされている。

　一方「敷地条例」は、全国で都市化が進行する中でミニ開発が進み環境の悪い街が出来上がってしまったことの反省から、筑波研究学園都市の名にふさわしい環境を備えた街づくりをするという観点から、165m^{2}以上の敷地でなければ建築物の建築を認めないというもので、これによってミニ開発を防ごうというものである。

　良好な街づくりのために最低敷地規模を決めるという制度は、米国ではsubdivision controlといって一般化しているのであるが、我が国では建築基準法によって敷地規模の制限が規定されていないため、この条例制定については結果的には建築基準法に基づく条例ではなく、地方自治法に基づく条例として制定されたのであった。165m^{2}というのが先例となって他都市の条例、あるいは

地区計画での敷地規定などで利用されることとなっていく。しかし最低敷地規模の面積は当初原案では、もともと戸当たり敷地の広い学園都市では、これより広い面積を考えていたのであるが、東京圏の宅地供給の規模の現状を踏まえて $100m^2$ の建築面積の住宅をモデルにして検討し $165m^2$ としたのであった。

(3) 景観審査会

　都市地区の景観計画に転機が訪れた。道路・公園といった公共施設や一団地の官公庁施設の事業が完成し、筑波研究学園都市がその意味では概成したことから、いよいよ民間のオフィスや商業施設の建設が始まろうとしていたからである。

　特に筑波研究学園都市で要望の一番強かったのは、デパートの誘致である。デパートは都市につきものの施設である。土浦、柏、東京のデパートに買い物に行くのでなく筑波にも欲しいということである。地元のアンケートでは、やはり三越が一番であり、東京からの移転組も地元つくばの住民もブランド名の高い東京のデパートを望んだのである。茨城県が中心となって東京のデパートと交渉し、最終的には西武デパートに進出してもらうこととなった。

　こうした誘致による施設の建築に加えて、つくばの将来性を見越しての立地が見込まれるようになってきたのである。都心地区の住宅地については景観計画標準があるが、業務地区は住都公団の所有地が多いこともあって特段造られていなかったのである。しかし、今後予想される建築需要に対する景観計画の必要性の認識が強まったのである。もともと都心地区の土地に関しては住宅公団がほとんど自有地としていて、将来の土地利用の自由度を保有していたのであり、都心地区に立地することがふさわしいと考える場合に売却をして順次熟成を図っていく方針であった。したがって、適当と認める施設に土地を売却するに当たって容積や高さなどの形態制限をつけることにしていたわけである。

　そこで景観についても、都心地区にふさわしい建築物が建築されるように、住都公団の研究学園都市建設局長の諮問機関として景観審査会を設けて、その審査を受けた後分譲され、建築物の建築が行われるという仕組みが作られた。本来であれば分譲条件でなく、景観による法律や条例によるべきものであるが、当時は、景観法といった法律は当然のことながら、景観条例の根拠となる法律がないことから、事実上の誘導規制のような仕組みで景観対策が行われたのである。

　景観審査会は昭和58年4月にセンタービル、エキスポセンターと筑波研究

学園都市メディカルセンターに関して開かれたのを皮切りに、ショッピングセンター「クレオ」や「ダイエー筑波店」などの審査が行われた。昭和62年に景観審査会にかけられ平成2年に完成したつくば三井ビルのときは、このビルに面する土浦学園線は学園センタービル（ノバホール）やクレオ等の壁面に窓がなく、夜になると光がなく暗いということから1階部分は大きく広めのガラスで光が外から見えるような設計に誘導したりもされた。

昭和59年からは中心地区景観計画標準が作成されたので、それを考慮しながら景観誘導がなされ、平成10年までに30施設が景観審査会にかけられたが、平成11（1999）年に筑波研究学園都市事業の法定事業が終了したことに伴い、この審査会も終了した。

10.4　概成後の工業団地（研究所団地）の景観計画

(1)　インダストリアル・パークに

工業団地の景観計画は、科学博の会場候補地となる谷田部町の西部工業団地と筑波町と大穂町の北部工業団地の計画を作成することから始まった。前述の都心地区の景観審査会を住宅都市整備公団研究学園都市開発局に設置した頃と軌を一にした考え方に基づくのである。我が国の工業団地は、景観計画を気にするより生産活動の合理性や収益性の観点から景観にコストをかけることをしてこなかったといえる。しかも建築物としても、鉄筋コンクリート造のものより簡易な構造のものが多く、美観の観点からは劣っていたのが通例であった。

しかし精密機械工場とかコンピュータを駆使する工場となってくると、構造・設備がしっかりしたものとなってきたことと、欧米のインダストリアル・パークという緑や建物の景観を重視する流れが普及してきた頃でもあり、我が国の先端的な研究センターである筑波研究学園都市で、ぜひ理想的な工業団地を造るべきだということを茨城県が決定、自ら工業団地造成事業に取り組もうとしたのである。日本でも最も景観に優れた団地を造り、世界の人が見ても恥ずかしくないものを造ろうという熱意に燃えたのである。

調査団を作ってアメリカのボストン、リサーチ・トライアングル・パーク、シアトル、シリコンバレー等の工業団地の視察に出かけ、各地で詳細な説明を受け、建設基準、景観基準、それを担保する法令や条例、マニュアル等の資料を持ち帰って徹底的に勉強して景観基準を作成したのである。この建設基準、景観基準の作成と併行して工業団地のレイアウトの検討が行われた。

(2) 科学博会場計画との調整

　科学万博の成功は、地元茨城県としては何としても第一のプライオリティを置いているわけであるが、終了後の工業団地も世界から見ても優れたものとしたい思いも人一倍あった。したがって、科学技術博覧会協会の会場建設計画とのすり合わせはひとかたならぬ努力が必要とされた。

　博覧会協会としては、これまでの国際博覧会の内外のレイアウト等を参考にして独自の考え方で作り上げようとしているわけであるから、その点は基本的に県としては従うことになるのであるが、博覧会終了後は、すべてが公園となるような跡地利用でなく、区画割りをして分譲しようとするわけであるから、そのとき工業団地が統一感のあるレイアウトでなければならない。そういったことのすり合わせは科学博覧会協会と茨城県とが主にするのであるが、時には国土庁、建設省、博覧会協会、住宅都市整備公団、茨城県が一堂に会した合同会議を開催したりして意思統一を図ったのである。

　会場計画建設と工業団地計画・建設の施工順序には、工業団地を先に完成させた後会場計画を進める案から、博覧会終了後に工業団地の事業をする案などいくつかの組合せ案があったのであるが、結局、工業団地造成事業を先行させ、団地内の幹線道路、公園、防災調整地を決めて事業を進め、それを前提に会場計画を立てて会場建設を行っていくことになる。

　谷田部町の西部工業団地と筑波町、大穂町の北部工業団地は昭和56年2月に都市計画事業の認可が下りる。この頃から関係者との協議は連日行われるようになり、会場建設の事業主体の博覧会協会と工業団地の事業主体である茨城県とが、それぞれ同一事業地で造成工事することは効率的でないということから、工事施工経験豊富な住宅都市整備公団にそれぞれの事業主体が委託する覚書が三者で昭和57年2月に結ばれる。その主な点は、

① 三者は国際科学技術博覧会の成功を期して相互に協力する。
② 博覧会協会と茨城県はそれぞれの事業を進めていくにあたって調整をする。
③ 博覧会協会と茨城県はそれぞれの事業の工事を住宅都市整備公団に委託する。

というものであり、谷田部町の西部工業団地が決定してから1年あまり後だったのである。

第10章 景観　169

写真 10-7　西部工業団地景観（緑に囲まれた研究所）

写真 10-8　西部工業団地景観（道路曲線と緑）

(a)　オープン化…塀、棚は作らない！緑も敷地の美しさを妨げない！

　この頃までには、米国のインダストリアル・パークの視察後の知見と資料をもとにした検討から、工業団地の景観基準が固まっていき、その経過と整備、北部工業団地の造り方を科学博覧会協会の関係者にも説明をするようになってきた。最終的に、景観基準の考え方は次のようなものであった。

1. 広々とした敷地に建物を建てる

　建ぺい率を40％以下、容積率を160％以下としてゆったりした空間の中で建物を造り、良好な研究環境を造る。

2. 開放的な団地の見える化を図る

　団地内道路を走行したり歩行したりするときは、緑に恵まれた建物の外観の見える化を図る。

　そのため、

① 建物は幹線道路境界から25m以上

　準幹線道路境界から15m以上

　緑地・緑道境界から10m以上

　離して建てること。

② 建物の敷地外から外観の見える化のため、高さ5m以上で枝振りの拡がる高木の植栽はまばらにすること。

③ 緑化義務

　幹線道路等の道路沿いに緑化帯を設け、道路ぎわから低木、中木、高木という順に植栽するほか、敷地内に芝を植栽して緑豊かな環境とすること。

④ 塀、棚、フェンス、広告の禁止

　開放的団地を阻害すると考えられる塀、棚、フェンス、広告等は禁止し、出入口を2カ所に制限し、門も造る際は道路境界から10m離して造ること。

　塀や棚、フェンス等はセキュリティ上の配慮が必要という意見もあるが、建物の内部でセキュリティを確保するようにして敷地境界では不要とする考え方を理解してもらう。

⑤ 柔らかい曲線の利用

　敷地境界の緑化を図る際、外見上柔らかい曲線を採用してマウンドを作って、そこに芝生や丈の短い植物を植栽する。特にマウンド方式の緑化帯は、駐車場の位置との関係で議論される。駐車場は景観上はそれほど好ましいともいえないので、できるだけ外から見える建物の正面部ではなく、裏手や横手に設置することが望ましいのであるが、敷地との関係でその場所で造れないときは正面の道路沿いの場所となるので、その場合はマウンドから車のマフラー部分を隠してくれる効果があると言われている。

⑥ 電線、電話線の地下埋化

　これらの施設の地下埋化は景観計画上の基本的事項である。ただし、高圧鉄塔が西部工業団地に通っているため通常の鉄塔でなく、デザインを考

慮した環境鉄塔としている。
⑦　屋外広告物とサイン

　　基本的に過大な屋外広告物は禁止されていて、表示も事業所名と商標にして、場所、大きさ、色彩についても景観を損なわないものとするように協議して決める。
⑧　建物

　　周辺の環境に沿うような意匠、形態、構造、色彩、使用材料の材質等について環境・景観との調査に十分配慮すること。

　　特に北部工業団地では、筑波山に近いことから筑波山との景観にも配慮を払うこと。
⑨　環境・景観協定

　　こうした基準等を盛り込んだ環境・景観協定を立地企業は、茨城県と締結をすることを求められる。

もっとも、最終案に至るまで議論を重ねてきた中で、大きく当初の考え方から変わったのが次の二点である。
（ⅰ）建ぺい率は当初30％〜40％と考えられていたが、30％は少しきつ過ぎるということから40％になった。
（ⅱ）分譲する区画も基本的に3ha以上とし、できれば5ha以上としたいというのが当初の考えであったが、5haは我が国では大き過ぎるのではないか、また茨城県下の他の工業団地より坪単価が高くなることなどから敷地の細分化を余儀なくされ、次のような区画割りとなって、昭和60年2月に公募することとなった。

	西部工業団地 （区画）	北部工業団地 （区画）
10ha 以上	2	3
5ha 以上〜10ha 未満	5	4
3ha 以上〜5ha 未満	4	8
3ha 未満	3	2

10.5 つくば市景観条例

　平成16年6月景観法が制定された。我が国の法律で景観をメインテーマにした初めての法律である。屋外広告物法とか建築基準法などによってしか景観に取り組めなかった時代から、新たな時代の幕が開かれたのである。この景観法は、良好な景観が美しく風格のある国土の形成、潤いのある豊かな生活環境の創造と個性的な活力ある地域社会の実現に不可欠なものであるという認識に立って、地方公共団体が良好な景観を守るため景観計画を作成し、景観計画区域を定めて建築行為の制限（例えば建築物の高さ、壁面の位置、建ぺい率）や広告物の制限を加えることや、道路、河川等の公共施設で良好な景観の形成に必要なものを、景観重要公共施設として整備すること等を決め、そのための条例を作って実施していこうとするものである。

　景観法に基づいて景観計画を作成する地方公共団体を景観行政団体というのであるが、つくば市は景観法が施行された平成17年6月の翌月に景観行政団体となって、景観法に基づく景観行政を実施することとなる。そして平成19年7月につくば市景観条例を制定して一部施行し、10月に全面施行してつくば市景観計画を作成する。

　つくば市の景観区域はつくば市全域とし、景観構造と骨格軸とゾーンの二つの角度から分け考え、景観形成重点地区を決め、そのために必要な建築行為等の規制や景観重要建築物や樹木の保存を決めている。その概要は以下のとおりである。

(1)　骨格軸による景観形成方針

　以下に示すような、四つの軸を骨格軸として定めている。
　①　筑波山への視線軸
　関東の名山筑波山は筑波研究学園都市の自然景観のシンボルであり、都市景観に限らず水や農村からの景観形成を図っていく上でも考慮の対象となる筑波研究学園都市の景観の最大の軸である。
　②　都市景観軸
　筑波研究学園都市はあらかじめ計画された都市計画で造られた都市であり、学園東大通り、西大通りなど広い幅員の直線道路に街路樹が整然と並び、こうした道路沿いのゆったりした緑地帯の中に大学や研究機関が整った形態、意匠を持つ建物群が建ち並んだ景観を形成している。

③　水辺景観軸

牛久沼、小貝側、桜川といった水辺と緑の自然環境とマッチする建築物や工作物によって水辺景観を形成する。

④　緑の拠点・骨格軸

緑の拠点である公園、緑地が道路沿いに街路樹や緑に囲まれた歩行者専用道路とペデストリアンデッキでつなぎ、市民の行き交う場として緑の景観を作っている。

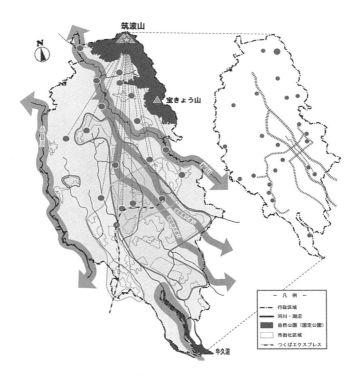

図 10-2　つくば市景観図　（出典：つくば市ホームページ）

(2)　ゾーン別の景観形成

①　自然と田園景観

筑波山等の自然や里山、平地、田畑などの田園風景や、古くからの民家や集落の街並みの景観。

② 研究学園都市景観

一団地の官公庁施設を中心にして造られた研究学園地区や工業団地など、新たな都市として造られた景観。

③ 新都市づくりでの景観

葛城地区や金田中地区のように、つくばエクスプレスの建設とともに造られた新しい市街地の景観。

この景観形成区域では、1,000m²以上の建築物で、高さが市街化区域では20m、市街化調整区域では10mを超えるものは市への届出対象とされ、その位置、形態、意匠および色彩について、市の定めている景観形成基準に合うように誘導されることとなっている。

写真10-9　田園景観

この景観形成区域の中で特に良好な景観形成を図ることが必要な地域は「景観形成重点地区」とされ、地区ごとの景観基準に適合することが求められる。「景観形成重点地区」は筑波山周辺の水郷筑波国定公園地区、研究学園地区、研究学園地区の概成後に新しい住宅市街地を地区計画を指定して開発してきている12の地区が決められている。

このように、筑波研究学園都市は建設当初から環境の良い景観を重視する都市づくりがされてきたのであるが、当初は建ぺい率、容積率を低く抑え、沿道の緑化と併せて敷地内に緑化帯を設け緑化率も30%とする等、緑多き田園都市として整備されてきた。そして概成後の都心地区での商業施設やホテル等の建

築が進行するにつれ、建物景観にも力を入れ、学園都市の人口定着、自立都市化を目指した工業団地も特に景観を重視した団地づくりを積み重ね、景観条例に基づく計画によって全市の街づくりを作り上げていくというところにまで至ったといえる。

　筑波研究学園都市は筑波山という優れた自然景観があり、しかも農村地帯という大都会にはない田園風景に恵まれている。自然景観、田園景観、農村景観、そして都市景観の一体化こそが、筑波研究学園都市が世界にも誇れる都市計画であることを証明してくれるに違いない。景観には主観的要素が入るため、ある人は良いと思ってもある人は良いとは思わない場合があるが、人々の心理状態は必ずどこかに収れんする。例えば筑波山を見ると、ほとんどの人がその景観に感動し、それを借景とした田園や都市にも感動を覚える。そうした多くの人々に清々しい、ほのぼのとした心豊かになる感情を抱かせることが真の景観であるといえる。

　これに都市景観を積み上げていくことによって将来、ヨーロッパのロマンティック街道などの都市のように、世界から観光客が来るような観光都市になることを目指したいものだ。

写真 10-10　農村景観（稲穂の実り）

[参考文献]
1) 「筑波研究学園都市 都市開発事業の記録」、都市基盤整備公団茨城地域支社、平成14年5月
2) 「筑波研究学園都市 都市開発事業の記録 資料編」、都市基盤整備公団茨城地域支社、平成14年5月
3) 「筑波研究学園都市計画 一団地の官公庁施設計画標準」、昭和48年3月
4) 「筑波研究学園都市計画 住宅市街地の建設に関する計画標準」
5) 「筑波研究学園都市の景観・環境等の整備に関する大綱」
6) 建設大臣官房官庁営繕部 監修「写真集 筑波研究学園都市 建築の記録」、日本建築学会、昭和57年2月
7) 「平成19年度 筑波研究学園都市の建設推進状況調査報告書」、国土交通省 都市・地域整備局 大都市圏整備課、平成20年3月
8) 「筑波西部工業団地建設記録」、茨城県 住宅・都市整備公団、昭和63年7月
9) 「米国先端産業団地を視察して」、「産業立地」(1983年11月号)、日本立地センター

第11章　鉄道新線 TX
——日本の近代化の歴史は鉄道敷設の歴史

11.1　山東構想

(1)　鉄道による都市の発展

　明治以来、我が国の近代化の歴史は鉄道敷設の歴史でもあった。

　明治維新の近代国家建設の二大目標である「富国強兵」「殖産興業」の中でも、鉄道建設は重要な位置を占める国策であり、江戸時代の不自由かつ日時を要する国内往来から、自由に国内を旅行できるようになった近代国家の文明の利器、鉄道の敷設は等しく国民の願いにもなり続けてきた。

　明治2年には東京－京都間の幹線鉄道などを建設することが決定され、明治5年に初めて新橋－横浜間に鉄道が開通してから精力的に鉄道の建設が進められ、明治22年には新橋－神戸間の東海道線が全通。そして明治39年に鉄道国有法が公布され、日本国有鉄道が全国ネットの鉄道網を敷設していく。「殖産興業」政策により工業地帯が都市を中心として造られていき、これに伴って近代都市が造られていくが、その都市にも道路の路面を走る市街電車も含めて鉄道が敷設されていくようになる。東京を例に取れば、明治の初め頃「甲武鉄道」という会社が敷設したお茶の水から御堀端沿いに走っていた中央線も国有化され、大正年間には山の手線が全通。東京の郊外への発展は鉄道によってもたらされていった。

　大正期には、郊外地の発展は私鉄によってもたらされたものも多くなってくる。田園調布の開発が東急の前身の目黒蒲田電鉄の鉄道敷設と併せて行われ、同じように西武沿線の大泉学園都市などのことについては、第1章の「田園都市論」でも述べたとおりである。

　このように我が国の近代化による都市化は、郊外開発と通勤鉄道の敷設をしていく歴史であったといって過言ではない。旧国鉄、私鉄がこぞって都心または主要ターミナル駅から放射状に郊外へ鉄道を延ばしていったのである。したがって、都市化が進められる宅地開発と鉄道は一つのものとして認識されてきたといってよい。もっとも東海道線、中央線、高崎線、宇都宮線、常磐線といっ

た都市間鉄道もその中に含まれているが、特急などの優等列車が長距離都市間輸送の役割を果たす中で、これらの都市間鉄道も通勤鉄道としての輸送力増強に役割を担わされてきたのが現実である。

(2) 戦後の都市化の圧力と鉄道

　昭和40年代の急激な都市化は、特に東京圏では鉄道輸送に大きな負荷がかかり、既設鉄道沿線の住宅地開発等による人口増加に伴い、線増や車両の増結、運転本数の増加に加え、特に私鉄の東急田園都市線の新設、小田急の多摩線の増設等の投資を行ってこれに対処してきたわけである。

　しかしこうした既設鉄道の輸送力が、宅地開発の需要圧力に応じ切れなくなったときに出て来たのが鉄道と都市開発を結合する制度を創出すべきという「山東構想」である。昭和40年代の初めに建設省で国土建設の総合計画づくりに携わっていた山東良文氏が提案したものである。「山東構想」というタイトルで書かれた冊子やペーパーはないのであるが、昭和40年代から50年代にかけて、総合開発審議会の取りまとめをしていた経済企画庁や建設省に在職していた頃にいくつかのレポートとして発表し、鉄道と都市開発の一体が説かれている。レポートは考え方の基本は変わっていないが、その方策については作成年代によって多少の変更が加えられており、要約すると次のようになる。

　大都市は住宅問題、通勤問題、土地問題、緑と空間の不足、自動車交通の混雑と大気汚染等環境が最近とみに悪化している。このような状態に対して、基本的には工場の新増設の規制の強化、産業の地方分散等を強力に進めなければならない。しかし同時に大都市が直面している都市問題に対して有効な解決策を見いださなければならない。特に住宅問題はすぐれて土地問題であり、土地問題は交通通勤問題である。したがって大都市の周辺の低地価地域である調整区域に交通新線と新都市群の建設を総合的に進めて宅地供給圏の拡大を図ることが解決策となる。

　これを実現するために次の三つの課題がある。第一に鉄道投資を先行投資型に転換する仕組みを開発すること、第二に新都市に必要な土地を適正価格で取得して供給する仕組みを開発すること、第三にこれらを総合した開発体制を整備することである。

　具体的には比較的未開発地を指定して地価の高騰を防ぐ規制区域をかけ、無利子貸付制度を利用して初期投資の負担を軽く、新都市に賛成する土地所有者に一部を売り渡し、売り渡した面積に比例する面積は自由に処分できることと

する一方、土地の売り渡しを好まない所有者に対しては、緑農地として保全する調整区域として都市開発を進める。(傍点　筆者)

　この主要な論点に加えて細部にわたった記述がされているのであるが、大要は以上のとおりであり、これが山東構想と言われるものであった。

　1981年3月に発表された「土地政策と過密対策への戦略 ——鉄道新線と都市開発の結合を梃子に—— 構想の問題点に答える」の中で、"説明の便宜上の仮定"として、東京都心から筑波研究学園都市への約60km程度の鉄道新線の建設についての例示を行っている。それによると、筑波研究学園都市を含む都心から45～70kmの沿線に新都市群を造り、通勤乗車時間を38～45分、造成後の土地価格8万円/m^2、通勤定期代1万3,600円/月、住宅取得費は中層住宅を120m^{2}の敷地に100m^{2}の床面積として2,000万円、戸建てとして200m^{2}の敷地に120m^{2}の床面積で2,900万円と、土地や住宅価格、通勤定期代は年月の経過によって変化するものであるから、現在とは大きな差があるが、通勤乗車時間を38分から45分としていることには正直いって驚かされる。現在のTXが秋葉原からつくば駅まで45分だからであり、当時の常磐線で上野、土浦がほぼ1時間かかっていたことから考えると、一つの見識があったといってしかるべきであろう。(傍点　筆者)

　そしてこの山東構想の意義は、この構想がそのままの考え方、方法で実現されたのではないにしても、第二常磐線、あるいは常磐新線の運動への導火線の役割を果たし、TXという鉄道新線が宅地開発と一体的になりながら出来上がっていったことにあるといってよいだろう。

写真11-1　TXと筑波山　(写真提供：首都圏新都市鉄道)

11.2　八十島委員会

(1)　鉄道願望

　明治の近代国家造りは鉄道によってもたらされてきたともいえるだろう。全国各地で鉄道が開通することが地域の人々にとって大きな喜びであり、鉄道が引かれることが地域の願望だったのである。明治から 100 年が経ってからも、人々の気持ちは変わることなく続いてきた。そして都市発展の歴史も鉄道によってもたらされてきた。

　昭和 30 年代に我が国はモータライゼーションの時代に突入する。自動車の普及に伴い道路整備が急務となり、昭和 29 年のガソリン税の創設により道路整備は全国津々浦々で進められていく。昭和 39(1964)年の東京オリンピック、ついで昭和 45(1980)年の大阪万博といった国際的イベントの開催が、それに拍車をかけ、名神高速道路、首都高速、阪神高速道路の開通をはじめとする道路がめざましく造られていった。

　モータライゼーションの進行は、鉄道から道路へと輸送のウェイトが変化していくことを意味し、その結果、国鉄は赤字に転落していくことにつながっていく。しかし、明治以来の国民の鉄道願望は消え去ることはなかった。特に新幹線といった高速鉄道網への熱い期待と願望のほか、在来鉄道への要望も途絶えることはなかったのである。

　首都圏についてみても、昭和 30 年代からの経済成長で首都圏に人口が集中し、各地でニュータウンなどの住宅地等の開発によって通勤・通学客が激増し、在来鉄道も輸送需要が増大して鉄道に対する市民の要望も高まってくる。したがって、どの県でも鉄道についての地域の課題や要望をまとめることを課題とするようになるのは、ごく自然のことであった。

(2)　八十島委員会

　首都圏の拡大の影響を受けて筑波研究学園都市、竜ヶ崎ニュータウン、取手、守谷などの住宅地開発によって、茨城県としては「茨城県　県南県西地域交通体系調査委員会」を昭和 51 年度に立ち上げる。交通、特に鉄道問題についての権威の八十島東大教授を委員長とする委員会(八十島委員会)である。この八十島委員会に茨城県、住宅公団、建設省からも担当者が参加して、2 年間にわたり議論を重ね、昭和 53 年 3 月にレポートがまとめられた。

　この委員会の最大の関心事は、常磐線の混雑緩和であった。昭和 53 年の常

磐線の朝の通勤時の混雑率は北千住－松戸間で229%、藤代－取手間で216%。混雑率が200%になると体が触れ合い相当圧迫感を受け、250%になると身動きができず手も動かせない状態となり、300%となると物理的限界に近く身体に危険があると言われている。しかも取手から下館までの常総線沿線は宅地開発が進行中であり、さらに驚いたことに、この沿線の猿島台地(さしま)などで開発を見込んで虫食い状に土地が喰い荒らされたように取得されていることが報告されたのである。この勢いが続くと、北千住－松戸間で昭和62年に307%、藤代－取手間でもそれぞれ362%、408%という推計まで発表される状況であった。

このため調査委員会では、在来線について列車の増発、車両の増結、快速電車の延長運転を図るべきことおよび新制度について提言する。レポートは在来線については、この常磐線と常総線、水戸線についてもなされているが、新線建設について4線[注1]を取り上げている。その中で第二常磐線については、現常磐線の輸送力の増強や沿線開発の動向を踏まえて建設を検討する必要があるとされた。第二常磐線問題のスタートである。

11.3　茨城県の取り組みと運輸政策審議会

(1)　第2次県民福祉基本計画

八十島委員会の第二常磐線構想を受けて、茨城県はその具体化に向けた取り組みを本格化させ、まず、昭和55年7月に作成された「第2次茨城県民福祉基本計画」で第二常磐線の具体化を図ることを明記した。茨城県として"第二常磐線の構想の具体化に努める"ことを初めて公式に記載したのである。このようにして第二常磐線プロジェクトは茨城県主導で始まった。

一般的に、鉄道新線を造るには幾多の条件を乗り越えていかなければならない。輸送需要が十分あるか、事業主体を誰にするか、新線建設の財源をどこに求めるか、ルートをどこに通すか、そのルートの用地買収がスムーズにいくか、採算は取れるか等々である。明治以来、鉄道の建設は「鉄道敷設法」[注2]によって路線が法律上明記されないと建設されない仕組みになっていた。この中には"政治路線"といって政治によって決められた路線もあり、現実に建設にこぎ

注1)　第二常磐線、県西横断線(春日部－猿島－下館)、北総延伸線(千葉ニュータウン－竜ヶ崎ニュータウン)および土飯線(どはん)(埼玉久喜－水海道－土浦－成田)

注2)　国が建設すべき鉄道路線を決める法律で、明治25年に制定されその後大正11年に改正されたが、昭和62年に国鉄が民営化された際廃止された。

つけられないものもあったのである。しかし路線が国にオーソライズされなければ現実に新線建設されることがないのは、昭和50年代になっても同様である。

具体的には、運輸省の審議会の議を経なければならないとされてきた。その役割は、特に地下鉄を中心とする都市交通に関しては昭和30年に設置された都市交通審議会が担ってきたのであるが、都市交通審議会は昭和45年に運輸政策審議会が設置された際、その中の都市交通部会としてその役割を引き継いでいた。

第二常磐線の構想については運輸省、国鉄は積極的というわけにはいかなかった。将来的には必要であると考えられるが、国鉄は昭和39年以来赤字体質となり、とても新線建設に取り組める財務状況ではなくなっていたことと、混雑率が300％を超えないと新線という議論がしにくいとの考えだったのである。たしかにその頃から国鉄改革の議論が盛んになり、結局、昭和62年国鉄は分割民営化されたのであった。

したがって、県としては当面は現常磐線の輸送力増強に傾注せざるを得ず、中距離電車の車両を上野－土浦間を12両から15両へ、快速電車を取手から土浦までと我孫子－取手間の複々線化の要望に重点を置くことにした。しかし、列車本数の増発は上野での発着容量が時間当たり17本という制約があって、それ以上の増発は実現しなかった。

(2) 茨城県の取り組み方針

第2次茨城県民福祉基本計画で第二常磐線問題を取り上げた茨城県としても、60キロに及ぶ鉄道新線の実現は容易でないことは承知の上で取り組んだ。したがってその表現も「第二常磐線の構想の具体化に努める」（傍点　筆者）と婉曲な表現にとどめている。実現のための戦略は描き切れていないままの出発だった。第二常磐線の具体化を図っていくためには、運輸政策審議会都市交通部会の俎上に載せる必要がある。そのために大きくいって二つの課題の検討が必要と認識された。

(a) ルート沿線の合意

当初考えられていた第二常磐線は、東京から石岡までの約80キロに及ぶ大構想であり、石岡で現常磐線につなげるという意味で第二常磐線と称していた。しかし新幹線ならいざ知らず、80キロにも及ぶ新線を造るという案は、当時としても、とんでもないことに挑戦するものだと関係者の間でささやかれたほどであった。

当時の都市化の大きな波を受けて、東京では多摩ニュータウン、大阪では千里ニュータウンによって宅地開発が進められた。そしてそこへの鉄道は、ニュータウン開発の進行に合わせて負担金を取って既設の鉄道の延伸という形で進められていたのである。鉄道を引く構想がないまま既に筑波研究学園都市は概成してきており、開発者負担は望めない状況であるから、なおさら実現は困難ではないかと考えられた。また千葉県の北総台地での千葉ニュータウンも北総鉄道を建設して開発が進められていたが、東京都心からは常磐線の松戸で乗り換えるという不便さのほか、都心アクセスも悪いことから人口定着が進まず、鉄道経営自体も苦しい状況にあった。

一方、茨城県内でも昭和38年に工業整備特別地域に指定されて始まった鹿島臨海工業地帯で住友金属(現新日鐵住金)の製鉄所や石油化学コンビナートが完成し、これに合わせて水戸から鹿島神宮まで鉄道敷設法で「茨城県水戸ヨリ鉾田ヲ経テ鹿島ニ至ル鉄道」として表記されている約50キロの鹿島線が鉄道建設公団によって施工されていたものの、工事はなかなか進捗せず、自動車交通時代を迎えて鉄道に対する需要が減少している実態からいって、新規の鉄道に取り組むこと自体が無理筋と考えられていたのである。したがって、第二常磐線の実現にあたっては用意周到な戦略が必要とされた。

第二常磐線は東京都、埼玉県、千葉県、茨城県を通る鉄道なので関係都県の足並みが揃わなければ話が前へ進まない。地方公共団体は、鉄道に関しては住民の活動や生活に密着したものであるだけに関心が高く、それぞれに鉄道に対する要望を出し懸案を抱えていて、その中での優先度も付けられている。茨城県では、現常磐線の混雑解消もさることながら、第二常磐線は最優先事項として位置づけられているが、他の都県では必ずしも同じとは言えない。

事務レベルでの協議では、東京都の関心は東京の北にある足立区舎人の流通センターと、開発を進めようとしている湾岸地域に最重点があるほか、JR各線の通勤・通学対策や道路との立体交差や連続立体交差等多くの課題を抱えていて、いつになるかわからないばかりか、新線を造るとなると用地の手当てや沿線問題があることから、突っ込んだ議論にはならない状態であった。鉄道が通っていない舎人の流通センターは都として優先順位も高かったこともあり、第二常磐線を運輸政策審議会で取り上げる際、両者のバランスを取る形で議論が進むことになる。

埼玉県は、第二常磐線のルートが県の南端を通ることからいって、県政に占める重要度が高くないことから、積極的に賛成するという立場にならないもの

の反対はしないという状況であった。一方、千葉県は当然のことながら第二常磐線より、現常磐線を重視する立場であった。現常磐線の混雑はピークに達していて、車両の増結や千代田線の取手までの延伸等では対応できないとして三複線化を強く要望していた。

　こうした茨城県と他の都県との協議がかみ合わない中で、第二常磐線の必要を認める国鉄技術陣が仲を取り持つ役割を果たした。経営改革に取り組まなければならない国鉄の経営方針では、新線などはとても考えられないとされている中で、新幹線などによる新しい鉄道技術の進歩があり、現常磐線のように線形が悪く路盤改良もままならないものより、鉄道過疎で今後の人口増の受け入れ地帯へ最新鋭の技術による鉄道が必要という強い認識を技術陣が有していたからである。茨城県としては、この国鉄技術陣の意見を聞きながら、各県が要望している国鉄への要望も議論に採り入れるようにしながら第二常磐線への理解を得られるように努力し、運輸政策審議会への諮問への道筋をつけていったのである。

(b)　運輸政策審議会への段取り

　第二常磐線の実現のためには、運輸政策審議会での議を経なければならない。したがってこの審議会への段取りが必要になってくる。運輸政策審議会の前身の都市交通審議会では、主として地下鉄や既設線の延伸が大半を占め、第二常磐線のような長距離の新線が議論されたことはなかった。

　さらにまた、第二常磐線だけを取り上げて審議会を開くことも、地域バランスの点からいっても事は簡単に進まなかった。鉄道に関する需要は各方面であったからである。しかも長距離の新線となると議論が大きくなることから、東京圏だけでなく関西圏でも議論の対象が求められるようになる。そこで浮かび上がってきたのが、山陰本線の複線電化で、東京圏と関西圏で二つの地域の交通問題について運輸政策審議会を開くことへと進んでいく。

　こうしたことから、運輸省は運輸政策審議会で昭和57年9月「東京都における高速鉄道を中心とする交通網の整備について」を諮問する。同様に山陰本線の地元要望の京都亀山間の複線化等について「大阪圏における高速鉄道を中心とする交通網に関する基本計画について」の諮問も行われ、審議されるようになる。

(3) 第二常磐線と地域開発に関する調査

　運輸政策審議会で第二常磐線問題が議論されることとなったのを受けて、茨城県と日本住宅公団は共同して第二常磐線の実現に向けての調査委員会を立ち上げる。第二常磐線の実現を図っていくためには、沿線開発と一体となって開発利益を吸収しながら鉄道を建設していくことが重要である。したがって、鉄道関係の学識経験者、国土庁、建設省、運輸省といった関係省庁、国鉄、日本住宅公団、茨城県といった関係者を総合した大規模な委員会で調査が行われることとなった。委員会は昭和58年度と59年度の2カ年にわたり、詳細なレポートが作成された。

　昭和30年代後半からの都市化の波は全国を襲ってきたのであるが、首都東京はその中でも一番大きな波を受けていた。東京の過大化防止は終戦直後から都市関係者の大きな課題であり、グリーンベルトの緑地地域によってこれに対処しようとしたこと、昭和40年代に入って工場や学校の既成市街地での立地規制をし、近郊整備地帯と都市開発区域に工業団地を造って対処しようとしたことは、既に第4章で述べてきたところである。こうした措置をとっても首都圏の人口集中を食い止めることができなかった。工場を郊外に増設しても本社機能などの中枢管理機能は増加するわけで、都心にオフィス需要などは増加していく傾向になる。

　昭和55年に筑波研究学園都市が概成したのであるが、この時期においても市街化の圧力は衰えていない状態であった。これを受けて国土庁は「首都改造素案」を昭和58年1月に発表する。この素案は、東京都市圏の一極集中構造を多核多圏域構造にして、立川・八王子、横浜・川崎、大宮・浦和、土浦・研究学園都市および千葉の五つの自立都市圏を設け、東京大都市圏の連合都市圏を形成して首都改造をしていこうという案である。

　この委員会では、こうした業務核都市構想との関連を付けながら、周辺開発整備基本計画における研究学園都市の将来計画のフレーム(**表11-1**)を基に、筑波研究学園都市を東京都心に直結する必要を次のようにまとめる。

　① 移転機関の大半は国家機関で各省庁と直結する必要性が高い。
　② 筑波研究学園都市や周辺地域に立地している民間企業も本社が東京にあるものが多く、本社と直結する必要性が高い。
　③ 技術開発の国際性の要請から東京を通して国際交流をする必要がある。

表11-1 将来人口フレーム

(単位：千人)

	昭和55年	昭和65年	昭和70年
人口	127.4	198.6	216.7
研究学園地区	26.2	58.6	78.3
周辺開発地区	101.2	120.0	138.4
就業者(従業地)	57.0	82.3	99.7

(出典：「筑波研究学園都市周辺開発地区整備基本計画」、茨城県、昭和58年3月)

　筑波研究学園都市を含む茨城県の県南県西地域は、東京都心からの放射状の鉄道密度が低いため開発されていない地域が多く、開発ポテンシャルがあることにより市街化の圧力が及んできている。そのうえ、東京都心へ向かう鉄道が常磐線一本しかないため、混雑がひどくなる一方である。そして県南県西地域の開発の現状は、**表11-2**のごとく、ますます常磐線への付加を高めることとなる。

表11-2 開発地区の現況

	完了・分譲中・造成中		計画・構想中		計	
県南地域	59カ所	6,215ha	51カ所	4,217ha	110カ所	10,432ha
県西地域	27	1,082	27	1,811	54	2,893
計	86	7,297	78	6,028	164	13,325

(出典：「第二常磐線のルート選定と沿線開発に関する調査」、
住宅・都市整備公団　都市計画協会、昭和59年3月)

　昭和57年当時の常磐線の輸送力は、

	車両編成	ピーク時1時間当運転本数
中距離電車	12両	7本
快速電車	10両	10本
緩行電車	10両	20本

であり、県南県西地域での開発が継続していくと中距離電車を15両編成にしたとしても昭和75年の混雑率が、

亀有 － 松戸間		351%
北松戸 － 新松戸間		314%
北小金 － 柏間		271%
天王台 － 取手間		219%
取手 － 藤代間		273%

と予想したのである。

このことからも第二常磐線が必要とされることから、この委員会報告書には第二常磐線のルートと採算、実現への方策を提示している。

（ⅰ）　ルート案

ルート案としては次の四つを提示している。

① 　北千住－石下－筑波研究学園都市－水戸
② 　北千住－柏北部－水海道－筑波研究学園都市－水戸
③ 　北千住－柏北部－守谷－筑波研究学園都市－水戸
④ 　北千住－柏北部－取手－筑波研究学園都市－水戸

（ⅱ）　採算性

既設の国鉄や民鉄のこれまでの鉄道経営に関する基礎データを使い、沿線開発を考慮して輸送人員の想定の下に運転計画を立て、鉄道建設に関する公的助成や開発者負担も含めて経営試算を数通りしている。それによると、単年度黒字に13年、累計で黒字化に21年となったので、一般的に単年度黒字化10年、累積で黒字化20年に近い結果となり、鉄道事業として成立すると結論づけたのである。

（ⅲ）　実現化のための方策

併せて、その実現化のために鉄道建設公団の新設建設で採用されている利子補給制度と、ある程度の据置期間制度と、宅地開発事業省に対して開発負担金を徴収して、鉄道建設費に充当するといったことを検討すべきであると結んでいる。

(4)　第一ステージ：運輸政策審議会

鉄道新線の建設の第一ステージは運輸政策審議会で第二常磐線の必要性を立証し、認められなければならない。現常磐線の輸送力がなく250%を超えることは容易に予想されることではあるが、第二常磐線の実現にはルートの一本化が必要である。

(a) ルートの一本化

第二常磐線のルートは、八十島委員会では都心-水海道-筑波研究学園都市-石岡-水戸というものであったが、茨城県内は別としてルート沿線となる東京都、千葉県、埼玉県との間でこのルートの理解と協力を得なければならない。ルートが一本にならなければ、鉄道としては意味をなさないからである。

どんな都道府県でも、鉄道等の交通体系は重要な政策課題である。当時東京都では、都心から東北方面への課題に足立の流通センターに向けて日暮里から何らかの鉄道を敷く考え方があり、方向的には真北へのルートであり、千葉県は常磐線自体の線増を強く要望していた。茨城県の案は、都心の上野から筑波研究学園都市の新線は北東方面であり、東京都は日暮里の足立流通センターへのほぼ北向き、千葉県は現常磐線の東北東への鉄道を強化する考え方とは相容れない部分があるからである。

第二常磐線は埼玉県の南端を通る案であったため、埼玉県としても積極的に応援するインセンティブがないわけである。そこで、関係都県に第二常磐線の必要性の理解を求める努力が重ねられていくことになる。

写真 11-2　つくば駅近くを走る TX　（写真提供：首都圏新都市鉄道）

さらに東京圏の鉄道網を見てみると、都心から放射状の鉄道が西から東に向けて東海道線、京浜東北線、京浜急行、東横線、井の頭線、小田急、京王帝都、中央線、西武新宿線、池袋線、東武東上線、高崎線、常磐線、総武線と多数敷設されてきたが、これらの放射状の鉄道の間隔の中で常磐線と高崎線の間が最も広く"鉄道過疎"ともいえる状態であったといえる。それが常磐線の混雑率

を高くする原因となっており、しかも都市化の圧力がこの地域開発へ拍車をかけることが予想されるのであるから、それなりの理があると考えられていくのである。

これに加えて、国鉄自体にもやはり長期的には第二常磐線が必要と考えているグループもあり、他の都県に第二常磐線への理解をしてもらうために努力を惜しまなかったこともまた、この問題を前進させることができていった理由であった。

(b) 運輸政策審議会への諮問

鉄道新線は運輸政策審議会の議を経なければならないことは前述した。しかし当時、鉄道新線計画はあちらこちらでつまずいていた。特に道路建設が進み自動車保有率が増すにつれ鉄道依存度が小さくなり、見込める乗客の減少により採算上の問題が大きくなってきたからである。

第二常磐線の気運は地元の茨城県は盛り上がっているものの、鉄道新線建設や線増等の輸送力について全国的視野で物事を考えている運輸当局としては、ある特定の一つの線だけで運輸政策審議会を開くことはできないという立場である。そこで関西の鉄道で輸送力増強を図る緊急性のあるものと連携をとることとし、山陰本線の京都亀岡間が保津川沿いに走っている部分が線路敷も狭く単線であることから、トンネルと橋梁を造って複線化するという案と共同することを基本に据えることとしたのである。

また関東や関西などその他の路線でも、線増などの輸送力増強の要望が増えていることもあって、昭和57年9月に「東京圏における高速鉄道を中心とする交通網の整備について」が運輸政策審議会に諮問され、東京圏都市交通部会を設置して審議が始められた。

(c) 地磁気観測所・地価

運輸政策審議会での審議に備えて、茨城県としてはこれに関連していくつかの懸案事項の検討を進めていた。

一つは、地磁気観測所の問題である。地磁気観測所は石岡市の北にある八郷町(現在石岡市)に置かれている地球の磁気を観測する観測所であり、世界でこうした観測所が地球全体の磁気を観測している。この観測所は直流の電気が観測に悪影響があると言われ、常磐線は取手の少し先から交流の電気で電車を走らせなければならない。常磐線の電車は直流と交流の両方の電流を使って走る交直両用の電車である。すなわち上野から出発した常磐線は取手の一つ先の藤代までは直流で走り、その先からは交流を使って走るのである。

全国ネットの鉄道だった国鉄は、電化するときに直流化した線区と交流化した線区に分かれたが、大まかに言って本州は東北と北陸地方を除いて直流で、九州は交流、新幹線は交流で電化されている。常磐線は取手の先、藤代付近で直流から交流に切り替わるため、いったん明るい車内灯が消えて、薄暗い車内灯になり、しばらくして交流の電源によって明るい車内灯に戻るのを経験した方も多いことだろう[注3]。何故そうなるかの鍵を握っているのが、石岡の北にあった八郷町の地磁気観測所である。地磁気観測所は、地球磁気・地球電気の観測・調査を行う気象庁に属する国の機関である。地球は大きな磁石と考えられ、地球の周りは磁場になっていて、これによって東西南北の方位がわかるのである。そしてこの地球の磁石の磁気のことを地磁気といい、この地磁気は一定ではなく変動するため、地磁気の観測を国際的に観測する体制が敷かれていて、我が国では八郷町柿岡にその地磁気観測所が置かれている。

　我が国の地磁気観測所は明治16年に東京で初めて設置されたが、地磁気観測所は人家や建築物等が多く、都市活動などが活発な場所など人工擾乱（じょうらん）の多い場所では適さないとされ、磁化しにくい花崗岩台地にあって磁気的に安定している柿岡の地に大正13(1924)年に移転してから70年にわたって観測をしてきたのである。

　ところで、地磁気観測所の観測には直流が悪影響を及ぼすのである。地磁気の観測の障害となるのは、直流電車の漏洩電流によって生じる磁場と観測施設の近くに存在する鉄などの磁気体が作り出す磁場が人工的な擾乱を起こすからとされている。直流電車は、発電所から送られてくる交流を変電所で直流に変えて電車へ送電する。しかし交流に比べて電圧が低いため、電車の電流が大きく、大地に漏れる電流も大きい。この電流漏れが地磁気の観測に悪影響を与える人工擾乱とされるものなのである。

　したがって、電気事業法第48条とそれに基づく電気設備に関する技術基準を定める省令第257条は、直流式電気鉄道用電線路、直流式電気鉄道用線路および直流帰線は、地磁気観測所または地球電気観測所に対して観測上の障害を及ぼさないように施設しなければならないと規定している。

　常磐線は昭和36年に電化されたのであるが、この電化にあたって昭和28年10月に運輸省に地磁気擾乱対策協議会が設立されて、電化の方式について検討

注3)　現在では車内灯は消えなくなった。交直切替時間に電気を送るバッテリーの改良が進んだからである。

が加えられた。この協議会は運輸省、国鉄、気象庁、学識経験者から構成され、数回にわたって常磐線沿線で直流方式の試験を行った結果、直流式では人工擾乱を起こし取手以北では交流電化によるしかないという結論になった。これが常磐線に交直両用の電車が走っている理由である。

　時は移ろい、東京への人口圧力が増し、常磐線沿線の市街化が進み、混雑率が高まってくる。東京都心から西側の方面へは鉄道線路が密に張り巡らされているのに対し、常磐線方面は東武鉄道との間隔が30キロもあって他の地域の10キロ程度などと比較して、極めて鉄道密度が低い。それが市街化が遅れていた理由ではあるが、市街化の圧力が常磐方面に押し寄せてきている現状からみると、今後ともこの地域の市街化が進むとすると、鉄道の輸送力が重要となってくる。そのために輸送力の増強にあたっては、車両や変電所がコスト増になる交直両用の輸送形態を変えられないかという議論が出てくる。

　そういった観点から、昭和57年に茨城県が地磁気観測所問題研究会を立ち上げたのである。地磁気観測所という国の機関についての研究会を地方公共団体である茨城県が立ち上げたのも異例ではあったが、この研究会には地磁気、地球科学、都市工学、電力関係などの学識経験者、運輸省、気象庁、地磁気観測所、国土庁、国鉄といった国の関係者、地元から茨城県、土浦市、八郷町、商工会の代表が参加する大がかりなものとなり、約1年にわたって議論が重ねられた。

　研究会では、地磁気観測所と交通体系の相互影響などについて学術的、技術的に検討が行われた。その中で、茨城の県南県西地域での市街化の進展に合わせて、国鉄常磐線と取手から北に延びる私鉄の常総線の輸送力増強を図るための直流方式による運行の可能性について検討が加えられた。もし土浦まで直流方式の電車が可能であれば、取手までで止まっている快速電車が土浦まで延伸できるわけで輸送力の改善に資するからである。そのため、土浦までの直流電化のシミュレーションや実験によって、土浦までの直流方式は可能であるが、500m間隔の変電所を多数設けなければならないなど困難な問題を克服しなければならないので、さらに一層の検討が必要とされるという報告書になったのであった。

　この報告書には、地磁気観測所は長周期の地磁気観測については柿岡から移転すると過去のデータが使えなくなることから移転ができないものの、短周期については適地があれば移転可能という結論になっていたため、翌年度の昭和58年度一年かけて県北地域を中心に、地磁気観測所県内適地調査を行ったので

あるが、県はその後、地磁気観測所の移転問題や常磐線の土浦まで、さらには第二常磐線の筑波研究学園都市までの直流方式の検討について熱意を失い、この問題に取り組みに全力を尽くすより、それを前提とした第二常磐線の建設に精力を傾けることになっていく。

　二つ目は地価問題である。鉄道新線の計画が公になるとルート周辺には思惑買いを含めて土地需要が急激に起こり、地価が騰貴することが懸念される。したがってこの対策をしっかりしないと、新線用地の値上がりによって新線の採算性に影響を与えることとなるのである。そこで研究会を立ち上げ、第二常磐線を建設する際に沿線の地価凍結や値上がり防止策を検討し、国土利用計画法の監視区域制度の導入を図ること等としたレポートをまとめるのである。

　このように、茨城県は多角的な検討により第二常磐線の実現に向けての体制と懸案となる問題点を整えていった。

11.4　運政審第7号答申

(1)　運政審第7号答申

　運輸政策審議会は、昭和57年9月から3年かけて、将来人口予測、交通需要予測、国土庁、地方公共団体、交通事業者からのヒアリングをして、精力的に審議し、昭和60年7月に答申第7号（「東京圏における高速鉄道を中心とする交通網の整備について」）を出す。

　この答申は、東京圏の人口が引き続き増加していること、副都心機能の強化や業務核都市の育成を踏まえ、混雑緩和、通勤時間の短縮、ニュータウンの足の確保の解決を図り、東京圏の交通体系の整備を行うとするもので、昭和75年を目標年次として、
- ①　既設線の混雑緩和の推進
- ②　人口の外延化およびニュータウン計画等への対応
- ③　副都心機能の強化および業務核都市の育成
- ④　空港アクセスの改善

に基本的考え方を置き、「高速鉄道網計画等の整備計画」の「路線の新設・複線化等」として28の路線の整備を図ることを答申したのである。

　この答申には、中央線三鷹立川間の複々線化、埼京線や京葉線の新設、地下鉄南北線の新設や半蔵門線の延長、京王線多摩センターから橋本への延伸、北総鉄道の成田空港延伸、京成線と東京モノレールの羽田空港新ターミナルへの

延伸など、その後の東京圏の交通体系に重要な役割を果たすことになる路線の整備が含まれているが、何と言っても総延長が 60 キロに及ぶ第二常磐線が取り上げられているのが最大の目玉であった。

答申の現状認識として、東京圏の人口増加が、かつては多摩、神奈川等の西部地域だったが、近年は、埼玉県、千葉県、茨城県南部等圏域の北部ないし東部地域に移ってきていることが記述されている。業務核都市の筑波研究学園都市への第二常磐線の議論は、こうした世の中の移り変わりもあり積極的議論へと向かったといえよう。これには、茨城県側が第二常磐線の必要性を各方面に精力的に働きかけたことも見逃せないといえる。

7 号答申では、第二常磐線の名前は、「常磐新線」という名で次のように記載された。

常磐新線の新設
　東京─秋葉原─浅草─北千住─八潮南部─三郷中央部─流山市南部─
　　　守谷町南部・・・筑波研究学園都市
　●守谷町南部・筑波研究学園都市間は、需要の動向、沿線地域の開発の進捗
　　状況等を勘案のうえ、整備に着手する。

運輸政策審議会においても、常磐新線の建設・運営について更なる検討が必要との認識であった。60 キロに及ぶ新線は、運政審としても極めて重たい課題であったからである。常磐新線に関しては、「常磐新線の整備方策」と題して次のように特記された。

　常磐新線の整備は都市交通対策上喫緊の課題であるが、現時点では事業主体が未定であることおよびその建設・運営には巨額の資金調達を要すること、などさまざまな解決を要する問題を抱えているため、その整備方策について特に記すこととする。

① 常磐新線は、現在の常磐線の混雑緩和を図ることを主目的としてその整備が必要となるものであり、本来ならば国鉄がその建設・運営にあたるべきであると考えられるが、国鉄が置かれた現下の厳しい諸状況を考慮すれば、国鉄を事業主体とすることはさまざまな困難も予想される。一方、用地取得、資金調達の面から地方公共団体の関与や民間企業等からなる第三セクター方式によることも一案として考えられる。いずれにしても、現時点で常磐新線の事業主体を確定することは困難であるので、国鉄の経営している事業の再建に関する日本国有鉄道再建監理委員会の答申もふまえつつ、建設・運営能力を十分具備した事業主体がその整備にあたるべきである。

② また、常磐新線は、長期的には採算をとることが可能であると考えられるが、都心部から郊外部にまたがる長大路線であるため、巨額の建設資金を要するのみならず、開発後の資本費負担が重いことから、相当の資金不足をきたすことが予想される。このため、良質な資金を大量に確保する必要があり、建設・運営段階における関係者の全面的な支援が不可欠である。
③ 以上のことから、答申後早期に国鉄等関連鉄道事業者、関係地方公共団体、金融機関からなる検討の場を設け、同線整備の具体化を図る必要がある。

(2) 答申後の動き
(a) 常磐新線整備検討委員会

第7号答申は、第二常磐線が地方政治のレベルから国政レベルへの政策へと転換したことを意味するものであった。

答申を受けて茨城県は、常磐新線の実現へ向けてさらに精力的に活動を展開するが、なかでも答申第7号では路線について、守谷までが目標年次の昭和75年までに新設が適当とされ、守谷からは検討路線とされたことに対し、ねばり強く筑波研究学園都市までの鉄道を引くことに全力を傾注して、その実現に向け活動していくことになる。この答申は、茨城県にとっては、常磐新線が国の立場からオーソライズされたわけであるから、建設に向けて動きを加速していくことになる。

昭和62年に運輸省、JR東日本、沿線4都県からなる「常磐新線整備検討委員会」が設けられ、整備方策の基本フレームを検討する。約1年をかけて、昭和63年に概ね次のようなフレームが合意に達するに至る。

建設区間	秋葉原—筑波研究学園都市
建設費	約6,000億円
開業目標年次	昭和75（2000）年
整備主体	第三セクターを想定
助成方式	新線にふさわしい新しい助成方式
用地取得	自治体において最大限努力（先行取得を進める）

(b) 宅鉄法へ向けて

常磐新線整備検討委員会の議論が進んできた昭和62年に、運輸省が宅地開発の所管省である建設省に対して常磐新線の整備に関する法律を作ることを持ちかける。

鉄道建設は運輸省の所管である。しかし、新線建設とその経営を考えると、沿線開発による乗客の確保の見通しがなければならず、宅地開発による沿線人口の増加が鍵を握ることとなると考えられたからである。

　昭和30年代後半からの日本経済の発展に伴う都市への人口集中、都市化の波は昭和50年代に入ってからも続き、首都圏をはじめ各地で旺盛な宅地開発が行われていた。宅地開発の主管省である建設省は、こうした大量の宅地供給対策に取り組んでいたが、特に乱雑な街ができないように優良な住宅地づくりのための「大都市地域における優良宅地開発の促進に関する緊急措置法」(通称「優良宅地法」)を立法作業中で、これは昭和62年から進めて、翌63年5月に成立させる。こうした法律の作業をしている62年秋頃に運輸省から、常磐新線に関して協力し合ってその実現を図りたいというオファーが出されたのである。ただその時は、そのために必要となる予算や税制の要求を運輸省がしていなかったこともあり、昭和63年の「優良宅地法」が成立してから両者による担当課の協議が始まる。

　宅地開発と鉄道建設の歴史をひもといてみると二つの方式がある。一つは東急電鉄の田園都市線のような例で、宅地開発の用地買収を先行させ、かなりまとまった土地が買えた段階で鉄道計画(主として既設線の延伸である)を発表して造っていくというもので、これは民間の場合に有効な方法である。

　二つ目は多摩ニュータウン、千里ニュータウン、横浜ニュータウン、千葉ニュータウンといった公的大規模宅地開発の場合である。公的開発であるから、用地買収を公にしないでするわけにはいかない。どういう地域にどのくらいの面積

写真11-3　筑波山とTX　(写真提供：首都圏新都市鉄道)

で宅地開発をしていくかという青写真を公表し、そのための予算を議会にかけて了解を得なければならない。したがって、民間開発のように住宅用地をあらかじめ買ってから鉄道を引くという方式はとりにくい。したがって公的開発の場合鉄道用地もニュータウン計画の中に入れておき、開発用地へ住宅が建ち、人口が貼り付いてきた頃に鉄道を引き、その費用の一部を開発者負担とする開発者負担方式がとられる。

　常磐新線の場合は、この二つの伝統的方式は使えない。ルートの都市名が答申で明らかになっていて、当然思惑買いも起こってくることと、いずれは具体の地点を示すルートも公表せざるを得なくなると考えられるので、田園都市線の方式によるわけにはいかない。また約60キロの新線であり、大規模ニュータウンのように単一の事業主体ではないため、開発負担金方式もとても複雑となって採用することができない。そこで考え出されたのが、土地区画整理事業の事業区域を決めて、その事業区域の中に鉄道を通すという方式である。

　ニュータウン建設を担当する所管課の建設省の宅地開発課の調べでは、当時この地域の区画整理の実施あるいは予定区域は約9,000haあったと把握していた。土地区画整理事業では、その当時通常3割ないし4割先買いをする方式をとっていたので、広い区画整理事業区域で先買いをして、それを鉄道の線路用地に換地し、そうした事業地をつなげていくことによって、鉄道用地を生み出していこうという発想である。

　そして土地区画整理事業は県や市町村に実施してもらうこととしようという、建設省と運輸省の議論の進展に伴って自治体の役割を増やしていくべきことか

写真11-4　緑の近くを走るTX　（写真提供：首都圏新都市鉄道）

ら自治省も加わることになる。JR東日本は国鉄の民営化直後でもあり、常磐新線の建設はとてもできないということで新たに鉄道会社を作ることとし、その会社へ沿線各県が出資することが取り決められた。運輸省としても、鉄道建設公団（現　鉄道建設・運輸施設整備支援機構）から無利子融資の予算要求をすることとなった。関係各県としても、鉄道のないところに鉄道を敷くことであるから、土地区画整理予算の負担や出資金負担について当然県内に異論があったものの、"鉄道が通る"という大義名分のために了解点に達することになる。このスキームが「大都市地域における宅地開発および鉄道整備の一体的推進に関する特別措置法」（通称「宅鉄法」）となっていくのである。

11.5　宅鉄法

(1)　第二ステージ：宅鉄法──鉄道建設と宅地開発の結合

宅鉄法は、画期的な法律であった。

都市地域において都市鉄道新線を建設することもさることながら、宅地開発を組み合わせて鉄道新線を造るという新しい機軸を打ち出したからである。しかも鉄道用地を生み出す手法に「換地」という土地区画整理法の手法を使うとしたことが、新線建設をしやすくする妙案だったといえる。

宅鉄法の特色は大きくいって二つある。

一つ目は、「鉄道施設区」を設けて土地区画整理事業による換地によって鉄道用地を確保することとしたこと。

二つ目は、地方公共団体が土地区画整理事業をはじめとする用地買収に責任をもって当たったことである。用地手当は地元のことをよく知る地方公共団体が行い、鉄道会社は鉄道運営に専念という仕組みを作り上げたことである。

鉄道用地の買収は、駅周辺は開発利益を見込んで買収に応じてもらいやすいが、駅間は道路と異なりアクセスの利用が駅周辺に限られてくるから用地買収は困難が予想される。しかし土地区画整理事業を併用すると、広い区画整理区域の中で先行買収して線路用地に見合う面積が確保できれば、それを鉄道用地に換地すれば用地買収への時間と費用が格段容易で楽になる。したがって宅鉄法では、鉄道沿線の広い地域に土地区画整理事業を実施することとし、その施行区域の中に「鉄道施設区」を設定して鉄道用地を確保する仕組みを作ったのである。

そしてこの土地区画整理事業の区域は、沿線の地方公共団体（ここでは都県）

が宅地開発を、鉄道会社が鉄道整備の基本計画を立て、一体的土地区画整理事業の施行をして、鉄道用地に見合う用地の先行取得をして鉄道会社に譲渡する仕組みの下に事業を進めようとしていたのである。

宅鉄法は平成元年6月に成立する。

法案作成の時点から建設・運輸両者が、建設省は宅地開発、運輸省は鉄道整備と分担を大きく分けて、担当課同士がチームを作り常磐新線の実現に向けて日夜協議を重ねていく。鉄道の事業主体は国鉄に断わられ、民鉄も引き受け手がなく、地方公共団体を主体とする三セク方式にせざるを得ない方向が固まっていく。60キロに及ぶ新線の建設であるから膨大な資金が必要となるが、都市鉄道の建設に関する補助制度はあるものの当時の予算枠ではとてもまかないきれるものではなく、当初から熱心だったのは茨城県のみで、他の都県の賛成を取り付けるのは容易ではないところからの出発であった。

特にルートについては、現常磐線になるべく近い所を希望する千葉県とそれより北の鉄道過疎地帯を通ってつくばへと希望する茨城県とは意見が異なったりしていたのであるが、最終の答申では守谷と明記されることとなった。しかしそれから先は需要も見通せないことから、つくばまでは点線のルートとされたのであった。

(2) 首都圏新都市鉄道（株）

そうした状況の中で平成3年3月に第三セクター「首都圏新都市鉄道（株）」が設立された。宅鉄法が画期的なものであったことは前述したが、その後の鉄道建設も画期的といえるものであった。

60キロにわたる鉄道整備には8,000億という膨大な費用がかかる。しかも開業までの初期投資も膨大である。それを担ったのが多額の出資金と無利子貸付金である。

(a) 出資金

常磐新線整備検討委員会でも三セク方式を想定するとされていたが、沿線の地方公共団体を主体とする三セク会社が設立された。委員会のメンバーであったJR東日本は、国鉄改革による民営化のため経営に全力を挙げている状況下では出資しにくいと出資を断り、経済界も赤字が見込まれる三セクには出資できないとの意見から、沿線4都県、12市区町の資本金56億の出資によって発足したのであった。経済界は、その後出資に応ずることになる。地方公共団体の出資も積み上がり、現在では首都圏新都市鉄道の資本金は1,850億となって

いる。

営業延長 7,500 キロの JR 東日本の資本金が 2,000 億なのに、営業延長 58 キロの首都圏新都市鉄道の資本金は 1,850 億とされ、JR 東日本のそれに匹敵するほどの規模となったのである。公共団体の出資比率は駅数によって決められたようであるが、総額にして約 1,655 億は、関係公共団体の熱意がくみ取れるといってよいだろう。

(b) 無利子貸付制度

出資金が多額であっても、それだけでは初期投資をまかなうことができない。したがって、コストの低い資金調達の助成金が必要となってくる。そのため平成 3 年 10 月に国が鉄道整備基金を設立し、そこから無利子貸付をするという制度を作り、併せて地方公共団体も同額の無利子貸し付けをすることによって事業費をまかなうという方針が出される。この無利子貸付はそれぞれ 3,200 億とされ、首都圏新都市鉄道の資金調達の 9 割の目途が立つことになったのである。特に、無利子貸し付け制度が TX 建設の決め手となったといっても過言ではないだろう。その意味で、本章の第 1 節で述べた山東構想での無利子貸付制度の提案は先見の明があったといえよう。

(c) 目標年度の設定

鉄道新線の課題は、初期投資の確保に関連してその開業の早期化を目指すことが挙げられる。膨大な初期投資の回収は、いかに料金収入の入ってくる開業までの期間を短くするかにかかっているからである。宅鉄法第 4 条により作成すべき基本計画の中に「鉄道整備の目標年次」を定めることとしたが、これは用地取得などを含めて事業が遅れると鉄道経営の採算に影響を与えるから、目標年次をあらかじめ設定し、それに向かって事業の工程管理をしっかりさせようとしたのである。

宅鉄法は宅地開発と鉄道整備を一体として実施することを内容としていることから、関係都県が宅鉄法に基づく基本計画を作成して国（建設大臣、運輸大臣および自治大臣）の承認を得る必要がある。この基本計画は平成 3 年 10 月に承認されるが、その中で目標年度を平成 12(2000)年としたのである。会社としてもこの目標に向けて鉄道の整備に全力を傾け、用地を先買いする地方公共団体も出資者でもあることから、会社と同じ意識で開業を急ぐインセンティブとなったのである。もっとも、実際の開業は平成 17(2005)年と 5 年ばかり遅れたのであったが、60 キロの鉄道新線が着工から 11 年で開業できたのは、この目標年次の設定の効果と言ってもよいと考えられる。

(d) 用地取得の仕組みと実践

　鉄道新線の用地の取得を、区画整理の換地手法を使いながら区画整理区域という広い地域で先行取得するという方法を宅鉄法でとったのが画期的であることは前述したが、このことは鉄道線路ではない土地の買収であることと、広範囲の土地の先行取得という意味で地元地方公共団体に任せる方が実践的である。その実践にあたって、筑波への鉄道新線を最も強く要望している茨城県では画期的ともいえる布陣を敷いたのである。特に筑波研究学園都市では、昭和36年以来数度にわたって用地買収が行われ、地主としても、また今回も用地提供に協力しなければならないことに強く反発する機運もあった。

　そこで県としては、県庁職員でもいわゆる"一選抜"の最優秀の人材を惜しみなくつぎ込んで用地の先買いを実施したのである。通常、公共事業の用地の先行取得は、それぞれの地方公共団体の開発公社が受け持たされるのであるが、県の職員が地元交渉に当たったことは用地の取得に効果が大きかったといえる。

　また、区画整理地区以外では開発公社に先行取得を依頼し、首都圏新都市鉄道は用地取得は地方公共団体に任せ、鉄道整備に専心することができたことが結果的に良かったといえることとなった。

　もっとも千葉県では、用地取得が難航して土地収用委員会にかけるまでいった例もあるが、総じて用地取得は著しく困った事態にはならなかったといえる。

(e) 地価の動向

　一般的に、鉄道が敷かれることは地価上昇要因となる。それは鉄道建設費の増嵩につながり、経営の圧迫要因となるおそれをなしとしない。首都圏新都市鉄道の開業までの歴史は、ちょうど土地バブルの時期とバブル崩壊の両時期にかかっているので、この点の検証をしておくことは意義があると考えられる。

　この期間の地価の動向を、一都三県とつくば市との比較で見てみたのが**表11-3**である。

　地価公示制度は、住宅地、商業地、工業地等六つの用途ごとに公示地点が決められていて、それを毎年1月1日現在の価格を評価して定め、対前年度の価格との変動率を公表するものとされている。土地価格は経済動向に大きく左右されるとともに、宅地需要や鉄道、道路等の施設の新設等によっても影響を受ける。

　表11-3は、東京都、千葉県、埼玉県、茨城県、つくば市の地価動向の全用途の平均値を経年的に示したものである。昭和61(1986)年12月から平成3(1991)年2月までがいわゆるバブル経済の時代であり、特に東京、千葉、埼玉では狂

乱ともいえる地価上昇をしたことを如実に示している。利根川を越えた茨城県つくば市でも、狂乱というほどではないにしてもバブル経済の波を受けていることが見てとれる。

表 11-3　地価公示平均変動率比較表（全用途）

	東京都	千葉県	埼玉県	茨城県	つくば市
昭和 60 年	4.5	0.8	0.9	2.8	
61 年	8.7	1.2	0.8	2.3	
62 年	53.9	7.5	3.1	1.9	
63 年	60.9	60.0	55.8	5.3	7.3
平成元年	-4.9	18.8	11.1	6.9	9.8
2 年	0.2	25.1	13.7	9.1	12.8
3 年	0.3	20.3	14.0	9.3	8.2
4 年	-9.6	-14.6	-6.5	1.5	-5.5
5 年	-19.0	-15.9	-11.9	-1.9	-8.4
6 年	-13.9	-8.6	-6.1	-1.7	-2.2
7 年	-8.1	-4.6	-3.3	-1.5	-3.5
8 年	-8.3	-9.0	-6.4	-2.6	-2.6
9 年	-5.9	-6.2	-4.6	-3.6	-3.7
10 年	-3.8	-5.8	-4.7	-3.2	-3.1
11 年	-6.8	-9.9	-7.7	-4.6	-5.2
12 年	-6.8	-10.8	-7.6	-4.8	-4.1
13 年	-5.1	-10.1	-6.4	-5.0	-4.8
14 年	-4.8	-10.0	-6.1	-6.0	-5.1
15 年	-4.1	-9.4	-6.0	-6.9	-4.9
16 年	-3.1	-7.8	-5.6	-7.4	-5.5
17 年	-1.5	-5.2	-4.0	-7.0	-4.8
18 年	1.4	-1.7	-2.0	-5.6	-2.5
19 年	9.8	1.7	0.7	-3.6	-0.5
20 年	11.1	3.3	3.9	-2.5	0.1
21 年	-6.7	-3.6	-3.6	-3.5	-1.8
22 年	-7.0	-4.5	-5.2	-4.9	-3.1
23 年	-2.0	-1.9	-2.4	-4.6	-3.4
24 年	-1.3	-2.2	-2.4	-5.4	-3.6
25 年	-0.3	-1.1	-1.2	-4.2	-3.1
26 年	1.7	0.1	0.3	-2.6	-0.6

ちょうどその頃は、宅鉄法ができて首都圏新都市鉄道が設立された頃にあたる。そしてバブル崩壊後地価は毎年下落を続け、東京都では平成18年からの景気回復に伴って20年まで地価が上昇するが、その後は下落の傾向に戻っていく。大数的にいえば、地価動向は経済の動向に、ほぼ左右されているといえる。

　首都圏新都市鉄道にとっては、このバブル経済とその崩壊が幸いにも経営採算に効果をもたらすことになった。すなわち、この鉄道会社は鉄道用地の取得は地方公共団体にしてもらうという前提に立っているため、用地の先行取得はバブルの最中に地方公共団体が行い、鉄道会社はその後買い取ることとされるため、その時点での価格は下落していたからである。先行買収時点では、地価上昇もあって事業費が膨らむということを覚悟しなければならなかったのが、バブル崩壊による反射的利益を享受することができたからである。

写真 11-5　住宅開発の進む TX 沿線　（写真提供：首都圏新都市鉄道）

千葉県とつくば市の常磐新線の駅周辺の地点の公示価格は前述したとおりであるが、TX が開通した翌年の平成 18 年から 20 年にかけて地価が上昇する地点が現れ、TX による地価への効果が表れてきている。**表 11-3** では示していないが、個別の地点ごとの変動率を見てみると、TX の主要駅である守谷のある住宅地では、平成 18 年から 20 年までの間、14.0％、29.8％、17.7％の上昇をし、つくば市のある住宅地では、平成 18 年から 20 年まで 8.4％、12.7％、14.6％の伸びを示し、その後地価が下落したものの、平成 26 年には 6.9％の増加となっていて、TX の効果が表れている。

　鉄道建設は、地価上昇をもたらし、それが逆に地域経済に悪影響を及ぼすのではないかという懸念から、第二常磐線構想を進めてきた茨城県で地価問題の委員会を設けて調査報告を出し、さらに宅鉄法において監視区域の指定に努めるという条文まで置いて地価対策も重視してきたが、バブル崩壊による地価下落という事態を迎え、その心配は杞憂に終わったことは関係者にとって幸いであったというべきであろう。

(3)　基本計画

　宅鉄法は、都府県が「宅地開発と鉄道整備の一体的推進に関する基本計画」を定めて、運輸大臣、建設大臣および自治大臣の承認を得ることと定めている。東京都、茨城県、千葉県および埼玉県の基本計画は、平成 3 年 10 月に承認を受けた。その基本計画をまとめて要約すると以下のようになる。

① 　駅の位置　　　東京都が　7 駅
　　　　　　　　　埼玉県が　2 駅
　　　　　　　　　千葉県が　5 駅
　　　　　　　　　茨城県が　5 駅[注4]
② 　鉄道整備の目標年次　　　平成 12 年度
③ 　特定地域（鉄道整備により大量の住宅供給が見込まれる区域）
　　　千代田区など都の 4 特別区
　　　八潮市、流山市、守谷町、つくば市などの 19 市町村
④ 　住宅供給面積　　　約 2,920ha

注 4)　平成 3 年 10 月の基本計画の変更で 1 駅追加され 6 駅となった。

(4) その後の経過

首都圏新都市鉄道は鉄道事業法の免許を平成4年1月に取得し、秋葉原・新浅草間の工事施工認可を取り、平成6年10月に起工式が執り行われた。

工事施工認可は、土地区画整理区域内の先行買収地の鉄道施設区への用地手当(仮換地)や用地買収等の進捗状況に応じて平成12年7月まで9回にわたり順次行われて工事が進められていった。

事業費も、宅鉄法の国会審議時は約6,000億と想定していたが、鉄道免許時は8,000億とされバブル経済時には1兆を超えると試算されていたが、事業計画の修正や用地の早期取得、工期短縮、バブル経済破綻によるコスト削減等によって最終的に約8,000億に収めることができた。昭和60年の運輸政策審議会第7次答申では、守谷からつくばまでは点線で示され、今後検討すべき区間とされていたのであるが、茨城県内での宅地開発が多いこと、筑波研究学園都市と東京を直結すべきだということから、筑波研究学園都市までの延伸は必要と判断され、平成12年の18号答申では、つくばまでオーソライズされることとなった。鉄道新線を造るというアピールも、つくばと結ぶという方が時代の要請にもかなっていたといえる。

平成14年には常磐新線のネーミングの公募をすることになるが、30代、40代の女性の圧倒的な支持を受けた"つくばエクスプレス"と決定。現在では頭文字を取って"TX"と愛称されている。守谷で止まっていたなら、こうした愛称にはならなかったであろう。

11.6 TXのもたらした効果

(1) 45分の新鉄道

筑波研究学園都市の建設は、東京の教育・研究機関の移転が出発点である。当時は生活の本拠地を東京から筑波へと移すこと自体が進まず、東京の都心から筑波研究学園都市のセンターまで常磐線を使うと1時間以上かかることが、東京から移転してきた移転機関の職員の筑波での生活で不便を感ずる大きな理由の一つであった。

既に半世紀を経過し、筑波の地で採用された職員も、本拠地をつくばや常磐線沿線の都市にしたりしてきたのであるが、東京に出るには常磐線を使うか、常磐高速道路を使わなければならないことが筑波へ直結する鉄道への願望を強めてきたといえる。

また、昔からつくばの地に住む人達にとっても鉄道願望は強く、それが運輸省、運輸政策審議会、国鉄などへの第二常磐線の運動へとつながってきたのである。
　他方、鉄道の技術も進歩し、新しい技術を駆使した鉄道を造っていこうとする鉄道技術者の思いがあり、それを結実させたのが TX であったといえる。
　新しい鉄道技術として TX で採用されたのが、
- ATO
- ホームドア
- 運行中交直切替による車内灯が消えない車両の使用・列車内無線 LAN
- 可動式ホーム柵

などであるが、TX の最大の魅力は秋葉原からつくばセンターまで 45 分[注5]で結んでいることである。これは、
- スピードの出る直線やカーブがゆるやかな線形でルートが設計されていること
- 最長 18km のロングレールを使用していること
- 車体も軽量化して通勤列車としては最速の時速 130 キロで営業運転できること

が最大の理由である。

(2) 20 万都市の実現

　筑波研究学園都市の人口は当初 20 万と設定され、それに見合った道路や公園などの公共施設、小中学校などの都市づくりがなされてきた。
　しかし、筑波研究学園都市の概成を迎えた昭和 55 年に研究学園地区の人口は 3 万人以下で、計画人口 10 万人の 1/3 にも満たない現状であった。新住民にとって東京での生活や仕事との関係が断ち切れないことからいえば、東京とつくばが直結する鉄道ができれば生活の本拠地を筑波の地とするインセンティブが働くこととなる。それまでも移転機関の職員で生活の本拠を東京から移した人も、常磐線沿線の牛久や取手、あるいは柏などの常磐線沿線でつくばと東京との交通が便利な地を求めることが多かったことからすると、鉄道新線は、より生活の本拠地をつくばの地へとの思いが強まることが予想される。

注5) 第1節で述べた山東構想は奇しくも、筑波研究学園都市への鉄道を乗車時間 38 分から 45 分としていた。なお TX の営業速度は 130km/h であるが、設計速度は 160km/h である。

TXの事業主体が首都圏新鉄道株式会社という第三セクターに決まり、ルートが決められ、工事が進むにつれ、沿線では住宅地開発が加速する。開業2年前に、終点のつくば中央駅ではマンションが複数棟発表されるとたちまち完売という状況に立ち至る。TXの効果は歴然としてくるのである。

　筑波研究学園都市が概成した昭和55年頃の地元6カ町村の大きな課題は、国が造り上げてきた筑波研究学園都市が概成によって国が次第に力を入れなくなるのではないかという危惧であった。研究学園都市づくりに土地を提供して協力してきた住民にとって、人口定着が思うようにいっていないことは耐えられない気持になるのである。茨城県議会でも、いつもそれが話題となり、人口が20万人になるという国の計画は、土地を提供した地元農業従事者にとっては野菜や卵などの農産物の消費が期待できると思ったことも無理がないからである。

　したがって、そうした地元の声に押されて、科学博覧会の誘致、職場となる研究所や工業団地の造成により、産業の導入、人口定着の政策を進めてきたのであるが、**表11-4**に見るように、当初計画の20万に届くことがなかなかできなかった。しかしTXの建設が進み、完成が間近になるとマンションなどの住宅開発が進み、TXが開業した年に人口20万を超えたのであった。

表11-4　つくば市の人口推移

各年10月1日現在(単位：人)

		地区内	地区外	合計
平成5年 (1993年)	人口(人)	59,050	119,134	178,184
	世帯数(戸)	27,910	32,466	60,376
平成10年 (1998年)	人口(人)	65,456	123,114	188,570
	世帯数(戸)	31,398	36,859	68,257
平成15年 (2003年)	人口(人)	71,501	124,746	196,247
	世帯数(戸)	34,654	39,697	74,351
平成20年 (2008年)	人口(人)	78,251	131,160	209,411
	世帯数(戸)	38,862	45,679	84,541
平成25年 (2013年)	人口(人)	76,713	142,689	219,402
	世帯数(戸)	39,936	51,492	91,428

(出典：2013統計つくば)

(3) 自立都市論との関係

　第二常磐線の構想を具体的にしていく際の都市論の上での最大の問題点は、筑波研究学園都市の性格論であった。筑波研究学園都市は千里ニュータウンや多摩ニュータウン等のように大阪や東京のベッドタウンという性格ではなく、大都市から離れた自立都市として性格づけられたニュータウンだった。したがって筑波研究学園都市への第二常磐線が、ベッドタウンでなく自立都市としての筑波研究学園都市の性格を変えてしまうおそれがないかという問題である。現に筑波研究学園都市が概成した頃、土浦からの新交通システムを学園都市に引いて行く構想も進みつつあった[注6]。そうした状況の中で第二常磐線構想が進められていくことになり、新交通システムでいくべき論と意見が分かれたのであった。しかし常磐線自体の輸送力は限界に来ており、新交通システムは立ち消えとなっていった。

　TXが都心とつくばを45分で結ぶことによって、筑波研究学園都市づくりの観点からの効果としてどうなるか。都心へ行くのに便利になるというプラスがあり、それはとりもなおさず、都心からみても便利になることを意味する。したがって、わざわざつくばの地に住居を構えなくても通勤することができる。それは筑波研究学園都市が通勤都市ともなることを意味し、わずかな割合でもベッドタウン化するマイナスの効果をもたらすことになる。自立都市の性格に変化をもたらすことになるのである。もっとも一方では、つくばから東京へ通勤する人も増えるので、相乗効果は出てくるともいえる。

　また別の意味からすると、つくばに住む人々にとっては、TXのおかげで田園生活の享受と東京への通勤という二つの利点を持つことができたということになったといえる。

　そこで、自立都市の性格について考えてみることとしよう。自立都市というきちんとした定義は定まっているわけではない。よく言われるのは、地方自治論として論ぜられ、自主財源が少ないと財政的に自立できていないという意味で、都市としての自立性がないとされてきたのであるが、ここでは都市計画とか都市論の立場で考えてみることとする。

　ベッドタウンは、他の都市へ通勤するための都市という意味で自立性が稀薄である。そういった意味での自立都市を定義づける基準というものは決まった

注6)　現在、土浦駅南口から高架道路が国道6号線を越えて造られているが、これはその名残りである。

ものはないのであるが、昼夜間人口比率は一つのメルクマールとして考えることができるだろう。

昼夜間人口比率は $\frac{昼間人口}{夜間人口} \times 100$ で表され、100を超えることは、昼間この都市で働いている人口がその都市の人口より多く、他都市から働きに来ている人が多くいることを示している。そして100を下回ることは、その都市で働いている人口がその都市の人口より少なく、他の都市へ働きに行っていることを示している。つまり、昼夜間人口比率が100を超える場合はその都市の自立性が高く、100以下の場合はその都市の自立性が低いということになる。その意味で筑波研究学園都市の昼夜間人口比率を見てみると、**表 11-5** のようになる。

表 11-5 昼夜間人口比率

	平成 12 年	平成 17 年	平成 22 年
つくば市	108.5	109.0	108.7
多摩市	96.8	94.3	98.6

ベッドタウンとして造られた多摩ニュータウン、千葉ニュータウンとの比較をしてみると、その違いが明らかとなる。もっとも、いずれにしても都市の成熟に従ってその値が100に近づいてくるのは、ベッドタウンとして造られた都市も次第に職場を増やして自立性を高めるように努めるし、初めから職場を移転することで都市を造ってきた筑波研究学園都市のように自立性の高い都市は、逆に便利なTXという鉄道ができたことによって他の都市へ通勤する者が増える結果となり、自立性が弱まる傾向が否定できないといえる。

つくばは、TXの利便を享受しながらも、都市として求心力を強め自立都市としての発展を失わないことが必要である。そしてこれからも国際科学都市として、羽田の国際化に合わせて、第二常磐線を構想したときに目指した羽田への延伸に向けて、関係者の熱意と努力が期待されている。第二常磐線が公表されてから20年を経ずして70キロの鉄道新線TXが開通したことは、近代都市鉄道の歴史においても希有なことである。これに関係した人達の鉄道にかける強い熱意と努力が実を結んだことを忘れてはならない。

[参考文献]
1) 「茨城県県南県西地域交通体系整備計画調査報告書」、茨城県、昭和53年3月
2) 「第二常磐線のルート選定と沿線開発に関する調査」、住宅・都市整備公団/都市計画協会、昭和59年3月
3) 「第二常磐線と地域開発に関する調査報告書」、茨城県、昭和59年3月
4) 「第二常磐線と地域開発の実現化に関する調査報告書」、茨城県、昭和60年3月
5) 「鉄道新線の建設に伴う土地対策について」、土地問題研究会、昭和57年5月
6) 「地磁気観測所問題研究会報告書」、茨城県、昭和58年3月
7) 「地磁気観測所県内適当調査報告書」、茨城県、昭和59年3月
8) 「鉄道新線を基軸とする新都市開発」、国土総合開発審議会総合調整部会　ニュータウン研究会、昭和46年6月
9) 「大都市圏の都市空間の秩序づけと土地・住宅・通勤対策の総合化について ──鉄道投資先導型の都市形成──」、日本都市問題会議　都市戦略研究チーム、1980年4月
10) 山東良文「土地政策と過密対策への戦略 ──鉄道新線と都市開発を梃子に── 構想の問題点に答える」、1981年3月
11) 都市高速鉄道研究会 編「つくばエクスプレス建設物語」、成山堂、平成19年3月
12) 「つくばエクスプレス(常磐新線)工事誌」、鉄道・運輸機構東京支社、首都圏新都市鉄道株式会社、平成18年3月
13) 「TX開業5周年の歩み」、首都圏新都市鉄道株式会社、平成22年10月

第12章　研究学園都市の進むべき道(将来)

12.1　はじめに

　昭和38年に筑波に研究学園都市を造成することが決まって、都市計画学会が提案した当初のマスタープランは、図12-1に示すように一体の都市であった。

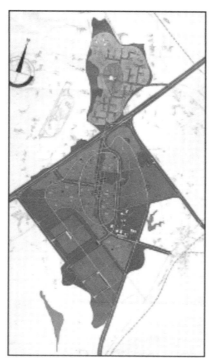

(提供：UR都市機構)

図12-1　基本計画・NVT案(昭38年9月)

しかし、この基本計画・NVT案は多数の移転を伴うこととなることから地元として受け入れることができず、反対運動を引き起こすことになった。したがって移転問題を避けるため、平地林を主体として用地取得が容易であるクラスター状のマスタープランに変えざるを得なくなり、最終的には昭和44年の第4次マスタープラン(図12-2)が筑波研究学園都市の基本となったのである。

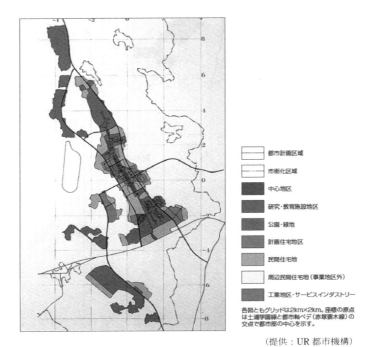

(提供：UR都市機構)

図12-2　第4次マスタープラン(昭和44年4月)

したがって筑波研究学園都市は、筑波郡谷田部町、筑波町、大穂町、豊里町、新治郡桜村と稲敷郡茎崎町の6カ町村にまたがって建設されることになった。筑波研究学園都市は国家プロジェクトであることから、首都圏整備委員会が中心となって各省の取りまとめが行われ、地元6カ町村の取りまとめは茨城県が行うという形で事業が進められ、実質的なプランは用地の取得を行う日本住宅公団が都市計画学会、建築学会、日本造園学会等の協力を得て取りまとめて、国、茨城県、6カ町村が協議して進められていったのである。

しかし、研究学園都市という理想的な新都市を造るのであるから、一体としての都市づくりが好ましいわけである。そうした意味では、6カ町村が一つの自治体となることが望ましい姿といえる。当初は地元では海のものとも山のものともわからないと考えられていたが、地元としては用地の提供をしなければならないものの、首都圏整備計画の近郊整備地帯や都市開発区域の指定もされていない土地に新しい都市、しかも国家が立ち上げた学園都市が出来るわけであるから期待も大きかった。

 移転機関の移転が完了して概成したとされる昭和55年当時は、都市としての体裁は実質的には整っていなかったといってよいが、センター地区の整備が進み都市としての形態が出来上がり、それに科学博という国際的行事が行われるようになると、6カ町村のままでは、国内はおろか国際的にも研究学園都市として誇れなくなるのではないかという議論が出てくることになる。移転機関がそれぞれ距離が離れバラバラに立地し、一体感がないものの、筑波研究学園都市という看板があるので、それぞれの独自性も町村としては発揮しにくいのが実情であった。しかも立地する移転機関は国の機関であるから、その膨大な土地が私有地から国有地となるため国定資産税が入ってこなくなり、財政自主権から程遠くなる結果をもたらすことになるのである。

 これに対して、国定資産税の減収分を補填する意味も含めて特別交付金が交付されることとなったのであるが、人口定着の遅れは移転機関、職員や家族の消費が学園都市に落とされないことから学園都市の経済の活性化につながらないという、悪循環をもたらす結果ともなっていったのである。研究学園都市の骨格となる道路や公園等の施設が出来上がり、研究機関の移転も完了し、都市の核となるセンター地区の整備が進められていくにつれ、研究学園都市を都市として一体のものとして運営していくべきだという意見が高まるのは事理に基づいているといえる。

 さらに昭和60年に国際科学技術博覧会が開催されることが決まって、世界各国からもパビリオンの展示がなされ、要人等が来訪したとき、"筑波研究学園都市"という一つの都市であるように思われるのに、その都市の区域が六つの町村に分かれているというのでは、国際的にも軽視されるのではないかというおそれも加わって、科学技術博覧会時には6町村合併をすべきではないかという意見が強まるのである。

 こうしたことから竹内茨城県知事は、昭和55年3月と9月の県議会で「合併推進の醸成を図っていきたい」旨を発言し、県として合併に向けて前向きに

取り組むことを表明する。地元6カ町村は基本的には合併について前向きな発言はするものの、時期尚早論が大勢であった。いずれは一つの都市となるべきものとの認識はあるものの、すぐに合併には賛成しかねるというのが本意であったといえる。

公式に表明されているわけではないが、早期合併に賛成できないという理由として言われていたことは、六つの町村が合併することによって町村長6人が1人になり、6カ町村での議員114人が33人となることが、町村長や町村議員の考えの根底にあるというのである。確かに6カ町村の合併は、こうした公職にある者が地位を失い、また職員定数も減らしていかなければならないという痛みを伴うわけであるから、理屈や理論の上からは納得せざるを得ないものの、現実問題として考えていくと消極志向になってしまうわけである。

一方では、筑波研究学園都市住民のアンケート調査では合併賛成論が反対論を上回っているものの、町村の合併には合併協議会を作ってそれぞれの議会の議決を得なければならないため、一部の町村では合併協議会ができて議論が進められたものの、科学技術博覧会の開催前に合併することは不可能となり、いったん議論は休止状態となった。

12.2　つくば市の誕生

昭和60年に開催された国際科学技術博覧会は、世界85の国や国際機関の参加を得て、目標の2,000万人を超える2,030万人の入場者が会場に足を運び大成功で幕を閉じた。筑波研究学園都市の名は世界に知られ、県計画に謳った"世界に開かれた茨城づくり"が名実共に備わった実感を茨城県民は享受したのである。なかでも筑波研究学園都市は、世界ばかりでなく国内的にも一躍知名度が上がり、高揚感に満ちたのであるが、会場地は谷田部町であったものの、6カ町村全体が筑波研究学園都市だからこそ博覧会が開催できたことの実感を持ったといえる。

その意味で、6カ町村の一体感が以前から比べて高まったことを受けて、昭和62年1月に竹内知事は合併推進を再び表明する。前回の合併論議は6カ町村一体という大前提を崩さなかったのであるが、今回は部分合併方式を取り入れて段階的合併の選択肢で県は臨むこととなった。当然紆余曲折はあったものの、前回の議論の経過がある意味で教訓となり、また町村長や議員の入れ替わりもあり、合併に伴う痛みについての理解も深まったことで、大穂町、豊里町、

桜村、谷田部町が合併協議会の設置を経て合併協定書に調印し、茨城県議会で合併、市制を議決して昭和62年11月30日つくば市が誕生したのである。

翌昭和63年1月31日には筑波町が編入され、しばらく経って平成14年11月1日に茎崎町が編入合併され、6カ町村がすべてつくば市となったのである。筑波研究学園都市の建設が閣議了解された昭和38年9月から26年、6カ町村合併議論が開始されてから7年経っていたのであった。

12.3　つくば市の姿

筑波研究学園都市の閣議了解により、つくば市が誕生してから四半世紀が経った。国家プロジェクトとして造られてきた筑波研究学園都市の現在の姿をいくつかの指標で検証してみることとしよう。

(1)　人口

移転機関が移転する前の昭和45年、つくば市が誕生した昭和62年と平成24年の人口の旧町村別の推移を表したのが**表12-1**である。

表12-1　常住人口

(各年10月1日現在)

	旧大穂町	旧豊里町	旧谷田部町	旧桜村	旧筑波町	旧茎崎村	合計
昭和45年	10,858	10,407	20,134	8,942	21,308	6,461	78,110
昭和62年	13,971	12,508	40,468	43,848	22,887	23,520	157,202
平成24年	19,618	16,280	83,355	54,972	19,168	23,922	217,315

(「統計つくば　平成26年版」つくば市)

人口は78,110人から217,315人へと増加し、**表12-2**の自然増および社会増もこの10年間で増え続けている。

全国的に都市部でも県庁所在市等を除くと人口減少が進んでいる現在、つくば市は人口が増え続けている少ない例といえる。しかも自然増・社会増が共に増えていることは、都市として高齢化社会に入ってきていないことを意味する。これは極めて重要な意味を持っているといえる。東京の多摩ニュータウンが既に高齢化を迎えたニュータウンとなっていることと比較すると、こうした傾向をいつまで持続していけるかが、今後のつくば市の課題として見えてくる。若

年層の定着のための多様な職場の確保、子育て環境、教育環境の整備に力を入れていかなければならないだろう。

ちなみに 65 歳以上の高齢者は 36,302 人で全人口 214,314 人の 16.9％で、全国の 23.3％と比較しても極めて高齢化率は低く、都市に勢いがある証拠といえる。

表 12-2　自然増と社会増の推移（住民基本台帳）

各年間累計（単位：人）

	自然増加数	社会増加数
平成 14 年	949	265
平成 15 年	859	440
平成 16 年	792	998
平成 17 年	583	1,828
平成 18 年	835	1,999
平成 19 年	806	2,498
平成 20 年	794	1,577
平成 21 年	728	2,322
平成 22 年	769	1,850
平成 23 年	598	816
平成 24 年	621	1,287

（「統計つくば　平成 26 年版」つくば市）

また昼夜間人口比率の推移は**表 12-3** のとおりであるが、昼間人口が夜間人口より多く、比率が 100 を超えていることは、つくば市の職場に働きに来ている人が多いことを示し、都市自体の自立性が高いことを示しているとともに、つくば市の周辺都市への求心力が強いことを意味している。

表 12-3　昼夜間人口比率

	平成 12 年	平成 17 年	平成 22 年
多 摩 市	96.8	94.3	98.6
つくば市	108.5	109.0	108.7

(2)　産業

次に産業の状況では、事務所は**表 12-4** のようになっていて、昭和 50 年から一貫して増加しており、つくば市にビジネスチャンスがあることを示している

が、もともと国の研究機関の移転が主たる職場であったことと、研究所などの会社の研究部門等の立地が多いことから、本社などの単位当たりの雇用数は大きくなく、従業員規模が10人以下のものが2/3を占めている。

表12-4 事業所数の推移

	民間事業所数	国・地方公共団体
昭和50年	3,597	180
昭和53年	4,015	206
昭和56年	4,853	263
昭和61年	5,854	296
平成3年	6,316	330
平成8年	7,296	331
平成13年	7,080	372
平成18年	7,582	273
平成21年	8,302	240

(資料:事業所・企業統計調査報告書(平成21年は経済センサス・基礎調査))

産業部門別の就業者の推移は、**表12-5** のように全国的な傾向である。第1次産業従事者が昭和50年に41.9%を占めていたが、平成22年には3.1%まで激減したのに対し、第3次産業の従事者が35%から69.3%へと急激に上昇している。

表12-5 産業3部門就業者の推移

各年10月1日現在(単位:人、%)

年	総数	第1次産業		第2次産業		第3次産業		産業分類不能	構成率
		総数	構成率	総数	構成率	総数	構成率		
昭和50年	46,233	19,386	41.9	10,555	22.8	16,198	35.0	101	0.2
昭和55年	60,648	15,862	26.2	13,149	21.7	31,571	52.1	71	0.1
昭和60年	70,194	12,129	17.3	16,275	23.2	41,679	59.4	116	0.2
平成2年	81,513	9,294	11.4	20,218	24.8	51,798	63.5	233	0.3
平成7年	90,328	7,227	8.0	20,995	23.2	61,506	68.1	640	0.7
平成12年	92,615	5,388	5.8	20,169	21.8	64,971	70.2	2,084	2.3
平成17年	94,455	4,290	4.5	17,809	18.9	68,602	72.6	3,754	4.0
平成22年	99,865	3,133	3.1	17,268	17.3	69,190	69.3	10,274	10.3

(資料:国勢調査結果報告書)

農業就業者数の減少は全国的な趨勢ではあるものの、田園都市を標榜する筑波研究学園都市としては看過できない課題である。表12-6で見てみると、農家数、経営耕地面積、農家人口はいずれも昭和50年から平成22年まで大幅な減少である。しかし注目したいのは、専業農家数が平成12年で下げ止まり、わずかながらではあるが増加をしていることである。完全に東京圏の都市化に呑み込まれることなく、筑波研究学園都市へ農産物を供給していることを示し、農家自体も、新鮮な農産物に付加価値を付けて都市住民への供給に意欲を燃やしているといえる。

表12-6　農家数、経営耕地面積および農家人口の推移

各年2月1日現在(単位:戸、ha、人)

区分 年	農家数 総数	農家数 専業農家	農家数 第一種兼業農家	農家数 第二種兼業農家(自給的農家を含む)	総経営耕地面積	農家人口
昭和50年	10,887	1,235	4,573	5,079	11,662	52,885
昭和55年	10,490	965	3,078	6,447	11,161	51,010
昭和60年	10,084	783	2,262	7,039	10,503	49,442
平成2年	9,444	685	1,314	7,445	9,984	46,186
平成7年	8,762	625	1,243	6,894	9,451	41,993
平成12年	7,912	553	585	6,774	8,098	37,790
平成17年	6,784	615	525	5,644	7,211	*注23,814
平成22年	3,878	634	279	2,965	6,096	*注17,108

＊注　自給的農家人口を含まず

(資料:農林業センサス結果報告書および茨城農林業基本調査結果報告書)

　このように筑波研究学園都市は、都市としての順調な発展を遂げてきているが、もともとは6カ町村の区域に都市を造ってきたときから一つの都市への合併が課題とされてきたので、最終的には平成14年に一体の都市となる合併が完成したのである。しかし、つくば市となっても旧ムラ意識が抜け切れないのが世の常である。したがって、合併後も旧町村役場を支所として残したりといった、急激な変化を避けて行政の運営をせざるを得なかったのである。しかし筑波研究学園都市は、国や県の主導の下での街づくりをしてきたこともあって、他の市町村合併よりも6カ町村の融和は図りやすかったと考えてよいだろう。
　こうした融合の醸成が整った頃に新しいつくば市役所の建設が進められることとなり、平成17年にTXが開通して、筑波研究学園都市駅の周辺で開発が進

んでいた葛城地区に平成22年新庁舎が竣功し、ここに名実共につくば市が出来上がったのである。

12.4　将来への展望

(1)　三つの理念

筑波研究学園都市は造り始めてから50年を迎えた。半世紀という一区切りを振り返って、その理念と建設の歴史を辿ってきた。都市は時代と共に変化していくものの、永遠の生命力を持っている。時代によって担わされる役目に変わりはあるだろうが、それはそれまで築き上げてきたものを土台として積み上げられていくものだ。そうした歴史の重みの上に立っていくものである。その意味で、筑波研究学園都市を造ってきた理念を振り返りながら将来の展望を描き出すものでなければならない。

そこで、将来にも継承すべき理念について整理をしておこう。

第一の理念は、田園都市の理念である。

この理念は、筑波研究学園都市建設法の目的に謳われているのであるから、この法律の目的がなくならない限り、この理念を捨て去ることはできない。その理念を追い求めなければならない。田園都市という言葉の定義はないのであるが、農地、山林、自然などが豊かな地域にある都市のことを一般的には意味しているといってよいだろう。

筑波研究学園都市が田園都市を失わずにいられる条件を検討してみよう。

①　東京の都心からの距離

約70kmありTXは45分で都心と直結しているが、沿線は連坦する可能性は否定できず、駅勢圏から外れると都心への通勤が難しくなることから考えると、宅地の需要圧力はそれほど強いとは考えにくい。また、利根川という自然の障壁は理屈抜きに意識下に潜在する。

②　人口減の時代

戦後の我が国は一貫して人口増が続いてきたが、平成23年以降人口減の時代へ突入した。さらに都市への人口流入も止まってきており、筑波研究学園都市はいまだ人口が増加しているが増加数は減少して、筑波研究学園都市の住宅地の需要も減少してきている。

③　都心回帰

東京への人口集中が著しかった時代は首都圏の各地に住宅開発が進み、人口

の増加が近郊都市で著しかったが、最近ではこれらの近郊地帯の住宅から都心のマンションへと住み替えが増えてきており、郊外の人口の減少が見られる状況となってきている。

　以上のことから、筑波研究学園都市への住宅開発圧力は以前とは比較にならない状況になっているといってよいだろう。ただし、TXの開通によってTX沿線の駅周辺は同時に施行されている住宅地の開発等によって住宅開発が進められていて、それに伴って田園が都市化されつつあるのも現状である。もっとも、こうした住宅開発は土地区画整理事業の都市計画決定や開発許可制度によって、むやみやたらに田園地帯を開発することを抑えていることと、田園地帯の大部分は市街化調整区域と農業振興地域で宅地化から守られていることも忘れてはいけない。いずれにしても、田園都市としての誇りを市も市民も共有して、自然に恵まれた良好な都市環境を造るということに意志を合わせて取り組むことが大切である。

　第二の理念は、自立都市の理念である。

　昭和30年代に東京の過密対策として打ち出された官庁都市構想は、その候補地として筑波山麓、那須高原、富士山麓、赤城山麓などに東京から離れた独立した都市を造ろうという考え方であった。筑波研究学園都市の地も、当時としては東京へは最も近い場所に位置していたものの、通勤が可能な都市、通勤都市としては考えられていなかった。独立した自立都市づくりという考え方だったわけである。国の大学や研究機関を移転させ、職場の移転に伴って住宅地を開発して居住させるという自立都市を目指したのである。

　移転機関の移転をスムースに実施し得る、という利点のあった筑波の地に研究学園都市を建設することとされた大きな理由の一つになったのであるが、逆に、これが移転機関の人口定着を遅らせることとなったことは前述した。家族は東京に残したまま単身で筑波の地あるいは近辺に居住し、しかも交通の便が良いため土日には家族のもとへ帰るという生活パターンが可能であったからである。

　昼夜間人口比率からみると、ベッドタウンとして造られた多摩ニュータウンでは昼夜間人口比率が100を下回り、夜間人口が多く、その夜間人口は他の都市に昼間働きに出かけるわけである。しかし筑波研究学園都市では、人口定着が進まないことがかえって昼夜間人口比率を高めることとなり、ベッドタウンとの比較では、自立性が高いにもかかわらず、あたかも地方都市の転勤族の居住する都市のような変形自立都市としての性格が初期の段階ではあったのである。

第12章 研究学園都市の進むべき道（将来） 221

したがって昼夜間人口比率でみると、自立都市といえるにもかかわらず、家族の居住人口が少ないという都市だったといえる。これは我が国の国民性によるという意見があり、住み慣れた場所から転居することに心理的抵抗があるというのである。したがって、当初の学園都市の人口計画の目標や経済的自立を図るという観点から大規模な工業団地（研究所団地）を造るなどして、自立都市の充実が試みられてきたといえる。そこへ第二常磐線構想が打ち出され、宅鉄法の成立に伴って鉄道新線のTXが建設され開通に及ぶと、筑波研究学園都市への関心の高まりもあって駅周辺の開発が進み、逆にTX沿線の駅から東京へ通勤することも可能となると、部分的にベッドタウン化する場所も出てきたのである。

TXの開通によって初めて当初の筑波研究学園都市の人口計画20万が達成されたのであるが、つくば市内においてもマンション等の開発が開業前から進み、昼夜間人口比率が減少してきていることは気になるところである。

第三の理念は研究学園都市の理念である。

戦後の我が国は科学技術立国を目指してきた。それが日本の経済を成長させ、経済大国にのし上がった大きな礎となってきたといって過言ではないだろう。そうした認識の下に、筑波研究学園都市を造ってきたといえる。したがって、筑波研究学園都市は都市づくりとしての理想を求めるばかりでなく、研究開発の成果を高めるという理想も存在しているのである。研究学園都市は当時の国の研究機関の1/3がここに集中することとされたのであるから、国民の関心もその成果を期待したのである。

科学技術の研究は、極めて専門的、技術的であり、一般の国民にとっては理解の及ぶところでない分野でもある。一つの研究成果をとってみても、他の専門分野の人など、よほど見識がなければ理解することは難しいといえる。また科学の分野でも、物理学者の基礎科学と応用化学とでは一般国民にとっての親近度は異なってくる。特に基礎科学の研究成果は、一般人はほとんど理解し得ないといってよい。

ノーベル賞を受賞したとなると、内容の理解はできなくても、立派な業績を挙げたという事実によってはじめて評価することとなるのが通常であるが、応用科学となると、研究内容は理解し難くても目に見える形でその成果が公表され、例えば宇宙飛行の様子が新聞、テレビで報道されたり、ロボットが工場生産や危険な作業や高齢者介護に使われたりすることによってその成果が実用化されて、恩恵を受けられることで評価がしやすくなるものがあるといえる。

研究は、その性質上コンフィデンシャルなものが多いのであるが、最近の科学技術の発達は他分野と重畳的な研究をする必要性が特に高まっていると言われている。筑波研究学園都市の建設の始まろうとした昭和37年の科学技術会議の提案も、共同研究が一つの柱とされ、筑波研究学交流センターが設置されたのであるが、必ずしも有効に利用されてこなかったのではないかという声も聞かれ、ようやく最近、共同研究が積極的に行われるようになってきていると言われている。

研究学園都市の理念は筑波研究学園都市のコアの理念の一つであり、各研究機関の切磋琢磨によって良い研究成果を挙げ、それを一般の国民にわかりやすく公報することによって理念が継続的に実現していくことを願ってやまない。

科学技術は、これからも世の中の発展にとって欠かせないばかりか、科学技術の世界に国境はないといっても言い過ぎにはならないだろう。しかしその成果は人類全体に及ぶというものの、それに貢献した研究者、研究機関は、その国の名声を高めることもまた事実である。言ってみれば、国際的国威発揚といった場面も出てくる。その意味で、ここ筑波研究学園都市が積極的に発見・発明の研究成果を世に問うことが期待されるのである。

以上の三つの理念の堅持に加えて、つくば市に期待したいのは、更なる国際都市化、コンベンションシティ化、観光都市化を図ることである。

(2) 更なる国際都市化

筑波研究学園都市は、科学技術立国を目指して国家プロジェクトとして造られた都市である。科学技術の発展を通して世界国家に発展させていくことを目的として造られた都市である。科学技術の研究は世界各国がしのぎを削っており、各国が独自に行ったり、共同研究をしたりと、研究学園都市の成果は世界に共有化され、それを基にさらに研究が深化していきている。このように研究自体が国際化してきているので、世界の研究者、研究機関との交流が深まってきている。この傾向はますます強まり、研究自体の国際化は、質・量・速度において今までとは比較にならないほどの重要性をもってくると考えなければならない。

その意味で、筑波研究学園都市の大学や研究機関が世界的にも注目を集めるような研究成果を発表すること等によって、研究者同士の発表や会議に積極的に取り組むことが期待されている。この10年の都市別国際会議数は**表12-7**のとおりである。つくば市は、政令都市に並んでベスト11に入っている。

表12-7 都市別国際会議関係件数(上位11都市)

開催都市	2007年	2008年	2009年	2010年	2011年	2012年
東京(23区)	440	480	497	491	470	500
福岡市	151	172	206	216	221	252
京都市	183	171	164	155	137	196
横浜市	157	184	179	174	169	191
大阪市	76	77	94	69	72	140
名古屋市	109	130	124	122	112	126
千里地区(注1)	32	53	71	65	54	113
神戸市	89	94	76	91	83	92
仙台市	51	63	60	72	40	81
札幌市	44	77	82	86	73	61
つくば地区(注2)	82	80	74	69	46	53

注1：「千里地区」は、大阪府の豊中市、吹田市、茨木市、高槻市、箕面市を含む。
注2：「つくば地区」は、茨城県のつくば市、土浦市を含む。

　我が国においても、各都市にある大学では先端的な研究に取り組んでいて、それが随時発表されていることから考えると、国内自体でも競争が激しいのであるが、筑波研究学園都市では、大学に加えて研究機関が数多く所在しているという利点を生かして、国際的な研究都市としての名声を高めてほしいのである。

　つくばの国際都市化にあたっては、国際研究都市のブランド化に向けての発信が重要である。つくば市は平成23年12月に国際戦略総合特区に指定された。これにより生活支援ロボットの実用化、次世代がん治療の開発実用化、藻類バイオエネルギー実用化等に取り組んでいる。こうした国際的な研究は外国から人を集める効果がある。それでなくても、筑波研究学園都市への外国人研究者や留学生は120カ国約7,000人、2006年の調査によると外国教員の受け入れは、高エネ研(3位)、筑波大(9位)、産総研(10位)と外国人受け入れは高いことを示している。こうした積み重ねが、つくばを国際ブランド化していくことになるだろう。

　これと関連して重要なのが、国際交流にとっての交通の便を良くすることである。つくばと成田、羽田とのアクセスをより早く、より安くすることである。成田へは高速バスの便を便利にすることであるが、国際化の進む羽田にはTXの延伸を図ることが課題である。とりあえずは東京駅への延伸の話が進められているが、TXを羽田まで延伸することの効果は計り知れない。訪日外国人に

限らず、つくばの居住者にとっても、東京での用務も可能となるため、つくばの国際都市ブランドに拍車をかけることとなるからである。

(3) コンベンションシティ化

前項で述べた国際都市化と関係するのであるが、筑波研究学園都市は人口20万ではあるが、教育・研究機関が集中しているので、定期的な研究発表や会議が多く開催される都市である。前述したように、近年の会議開催件数でも人口100万を超える政令指定都市に並んでベストテンにランクされている。

米国の都市ではコンベンション都市を目指して広い会議場を作り、全国的な各種大会を誘致することを市の施策としているのをよく見かける。米国は人口が日本の倍あることもあるが、大学や研究機関の大会等の会合に限らず業界団体などあらゆる全国大会の誘致に積極的に取り組んでいるのは参考になるだろう。筑波研究学園都市でも、平成11年に国際会議場(エポカルつくば)という立派なコンベンションセンターがオープンした。平成25年の一年間のこの会議場の利用は何と950件を記録していて、ほぼ毎日のように利用されていることは喜ばしいことだ。この勢いを継続させて、さらに拡大していくことが筑波研究学園都市に求められているといえる。

(4) 観光都市化
　(a) 筑波山の魅力

筑波研究学園都市には筑波山という関東の名山がある、田園風景がある、そして整った街並み、人を引き付ける研究機関がある。観光資源としての素材を持っている都市であるといえる。筑波山は昔から観光地であった。男体山、女体山とたかだか870mほどの山であるが、関東平野に筑波山だけがそそり立つ様は遠方からでも望め、山上からは関東平野を一望できる関東のシンボルでもある。それゆえ万葉集の時代から歌に詠まれ、時代が下ってからも横山大観の絵に描かれてきた霊峰である。由緒ある歴史を持つ筑波山神社があり、パワースポットありと、麓から歩いて登る人もいれば、ケーブルカー、ロープウェイを使う人もいて、年間を通して観光客が絶えない。さらに平成17年にTXが開通してからは東京から便利になったこともあって、平成25年の1日当たりの集客は30万人に達して、開業当初の2倍にもなっている。オールドファッションではあるが、"ガマの油売り"に興味を持っている観光客もいるのである。

(b) まちの魅力

つくばのまちはクラスター開発をしたため、また大学や研究機関の敷地がかなり広いため、人通りの多いまちという感じではない。

TX 終点のつくば駅のあるセンター地区は、ノバホールやホテルのあるセンタービル、クレオなどのショッピングセンター、UR 都市機構、三井ビルなどが建ち並び、まちの核をなしていて都市らしい姿を見せている。とはいうものの、学園都市の風格を備えた都市づくりであるため、落ち着いた佇まいを見せていて、TX のつくば駅も地下にあり、よく見られる駅のように飲食店や商店がたくさん建て込んで人々が群がっている風情はない。あくまで学園都市の品格を漂わせてくれている。

平成 17 年に TX が開通し、研究学園駅を中心にした葛城地区に土地区画整理事業による街づくりがされていて、市役所の新庁舎が移転して建てられ、ここに新たなセンター地区が形成されようとしている。駅周辺には商業業務施設が建ち並び、つくば駅のセンター地区とは異なった賑わいのある街づくりが進められている。筑波研究学園都市は、この二つのコアのある街として発展しようとしているといえる。研究学園都市としての顔と賑わいのある都市としての顔という二つの顔を持つ、魅力あるまちとなっていくと考えてよいだろう。

最近は、都会でグループや個人でまち歩きを楽しんでいる人をよく見かける。高度経済成長時代の日本人は"働き蜂"で、ウィークデーは朝から晩まで働き、休日は家で寝ころんで休息をとっている人が多かったが、現在は生活にゆとりが出てきたことと"働き蜂"も定年を迎えて自分の生活をエンジョイする傾向が強まるとともに、休日と言わず平日でもこうした"まちを歩く"人々が多くなってきた。そして散歩がてら、自宅の近所のまち歩きから少し遠出して、電車やバスに乗って他所のまち歩きをする人も増えてきている。

筑波研究学園都市は計画的に造られたまちである。これを生かして"まち歩き"が楽しくできるような仕掛けを作ってみたらどうだろうか。まちそのものを観光地とする考え方である。欧米では"まち"そのものを観光地としているところが多い。パリ、ロンドン、ニューヨークなどという大都市は東京、大阪などと同様に観光客が来ているが、これは別として、ドイツのローテンブルクやドレスデン、イタリアのミラノやフィレンツェ、オランダのハーグやデルフトなど枚挙に暇がないほどだ。これらの都市は歴史も古く物語性があるほか、建物も古くて見て歩く価値があるといえる。

筑波研究学園都市のまちは、ヨーロッパのこれらの都市とは比較ができないのであるが、センター地区を中心として、まち歩きツアーを組み立てていったらどうだろうか。アメリカのシカゴという都市では、見応えのある建築物が造られてきたことから、水上バスによって運河沿いの建築物を見るツアーが人気を呼んでいて多くの人が参加している。世界中の人が訪れる欧米のこうした都市には、建築文化が息づいているからともいえる。まちの景観、建築の織りなす景観が人々を引き付けるのである。建物に色彩があり、彫刻が施されていて、そこに人々の歴史や事件が染みついている。

　それを考えると、つくばのまちも建築文化を育てることによって、良い建築物が建っていくことを促したいものだ。一例として、新しい建築物がまちの景観に合うようなものには、"つくば建築賞"なるものを作って奨励していくことなどはどうだろうか。我が国では欧米のように建築文化というものが庶民の意識に行き渡っていないこともあって、筑波研究学園都市の国の研究機関の建築に興味がある人は多いとはいえないが、これらの建築物を造ってきた建設省官庁営繕部は形態、色彩などについて統一した基準で造ってきているのである。こうしたことの説明と研究機関の研究を、一般人にもわかり安く興味を引くような説明を加えたツアーをぜひ進めたいものだ。

　現在でも研究機関へのツアーがあるが、期間が限られているようでもあり、まちぐるみのまち歩きの仕組みを、市役所や研究機関の協議会のようなところで取り組むことを期待したい。

(c)　むらの魅力

　筑波研究学園都市には田園風景が色濃く残っている。筑波山を仰ぎ田畑の農村風景を見ながら歩くことは、一幅の絵の中に身を置いているような気にさせられる。そして、所々に屋敷林にどっしりとした構えの昔ながらの民家もあって、こういう所を訪ね歩けるような仕組みができると、つくばの昔ながらの原風景に触れることが可能である。

　かなり前のことだが、ヨーロッパの都市計画関係の方を日本に招いて会議を開いた際筑波研究学園都市のご案内をしたところ、昔ながらの家屋敷に案内してほしいと言われたことがあった。そこで旧家のお宅へ案内したのであるが、そこは大きな屋敷林に囲まれた立派な家だったこともあり、外国人の方々がいたく感激されたことがあった。我々が気が付いていない伝統的な日本の家の価値を再認識させられたのであった。こうした古い街並みと新しい学園都市が融合したところに、筑波研究学園都市の美の原点があるかもしれない。そういっ

た意味では、古いものも忘れないで街づくりを進め、筑波研究学園都市に四季折々訪れる人が増えるように、お正月は七福神、春は桜、夏は筑波山登山、秋の紅葉狩り等の観光客を呼ぶシナリオを作って人々を引き付けるようにしていきたいものだ。

　筑波大学は体操等のアスリートを輩出してきたこともあり、いつの日かつくばの地がオリンピック会場の一つになる可能性もある。また、筑波研究学園都市の概成時に新旧住民の交流を図るために始められた筑波マラソンも役に立つかもしれない。こうして見てくると、つくばは多方面において無限大の可能性を持ったまちなのである。

[参考文献]
1) 「竹内藤男伝」、竹内藤男伝刊行会、平成14年6月
2) 「筑波研究学園都市 概成20周年記念 つくば報道 1954〜1999」、常陽新聞社、2000年7月
3) 「続つくば報道 筑波研究学園都市概成20周年記念 常陽新聞創刊50周年記念」、常陽新聞社、2001年7月
4) 企画:常陽新聞社企画室、取材:つくばヒューマンヒストリー研究会「つくばの30年 101の証言 つくば実験 情熱劇場」、1996年5月
5) 「徹底取材つくばの現実 1996年夏」、常陽新聞社、1996年3月

あとがき

　2013(平成25)年11月に筑波研究学園都市50周年の記念式典がつくば市で行われることを聞いたときは、感慨無量の気持ちになった。つくば市が立派に発展してきたことの喜び、ここに至るまでに関係してこられた多くの方々への敬意の念、そして多少なりともつくばとの関わりを持ってきたことへの感傷の気持ちが胸にこみ上げてきたからである。それに加えて、この筑波研究学園都市の来し方を振り返ってみたい気持ちにも駆られてきたのであった。

　この都市については多くのことが書かれてきているが、50年という長い期間を通してその生成発展についてまとめたものが少ないことに気づいていたので、私なりにまとめて書き残しておくのもよいのではないかという思いに駆られたのである。

　図書館へ通い、明治以来の英国や我が国の近代都市計画の歴史からはじめて、筑波研究学園都市の歴史、国際科学技術博覧会、鉄道新線TX等の資料にあたり、関係方面の方々にお話をお聞きしたりして作業を進めていった。私の手元にも資料が残っており、それらを紐解いていくと、学園都市建設に携わった多くの方々と語り合ったことも想い出されてきた。すでに物故された方もおられるが、筑波研究学園都市建設の主役だった日本住宅公団(現在の都市再生機構)の役職員がこの都市にかけた情熱が並大抵のものではなかったことを、今さらながら思い出させられた。

　本書の執筆の過程では、多くの方々に多大なご協力をいただいた。都市再生機構をはじめ、国土交通省都市計画課、つくば市、茨城県、首都圏新都市鉄道株式会社、つくば科学万博記念財団の方々などであり、この場をお借りしてお礼を申し上げたい。この方々のご協力がなければ50年にわたる筑波研究学園都市の発展の歴史をまとめられなかったからである。

　この「筑波研究学園都市論」は、都市計画協会の伝統ある月刊誌「新都市」に12回にわたって掲載していただいた。連載を快く決めていただいた都市計画協会の矢野進一氏にもお礼を申し上げたい。「新都市」は昔から都市計画に携わる方々の愛読誌でもあることから、時々読まれた方々から声をかけていただいて励まされたこともあった。この場をお借りして感謝を申し上げる。

本書の発刊にあたり、市原健一つくば市長から「発刊に寄せて」の言葉を頂き、心よりお礼を申し上げたい。
　最後に、出版をしていただいた鹿島出版会の坪内文生社長、橋口聖一出版事業部長に感謝を申し上げる。

2015 年 4 月

三井　康壽

索　引

あ
明日の田園都市　　5, 7

い
飯沼一省　　1, 3, 4, 12, 15, 16, 57, 67
一団地官公庁施設　　103, 131, 158
一般博　　140
E・ハワード　　3〜6, 9, 11〜13, 15, 16, 29, 55〜57, 62, 67
インダストリアル・パーク　　148, 149, 167, 169

う
運輸政策審議会　　181〜185, 187, 189, 192, 193, 204, 205

か
開発許可制度　　78, 85, 95, 97〜99, 220
科学技術会議第1次答申　　65, 107, 109, 122
科学技術博覧会　　130〜132, 135, 136, 141〜145, 147, 148, 168, 213, 214
学園センタービル基本構想懇談会　　162
閣議了解　→　研究・学園都市の建設について
官庁移転問題関係閣僚懇談会　　109
官庁集中計画　　19, 21
官庁の集団移転　　100

き
旧都市計画法　　17, 20, 24, 37, 42, 53, 88, 89, 97, 98, 100, 102

く
クラスター開発　　114〜116, 225

け
景観基準　　167, 169, 174
景観計画　　148, 154, 156, 158, 160, 162, 166, 167, 170, 172, 175
景観審査会　　166, 167
研究・学園都市建設推進本部　　112, 113, 154
研究学園地区　　35, 52, 119〜123, 127〜129, 131, 153〜155, 158, 174, 185, 205
研究・学園都市の建設について（閣議了解）　　1, 55, 67, 110, 112, 120, 215
研究団地　　115, 132

こ
後期計画　　128
工業団地　　27, 41, 73, 77, 78, 90, 131, 132, 149, 167〜169, 171, 174, 175, 185, 206, 221
工業団地造成事業　　27, 28, 41, 71, 73〜77, 80〜84, 87, 131, 143, 156, 167
工業等制限法　　71, 72, 80
耕地整理法　　37〜39, 41〜45, 47, 51, 86
国際会議の開催件数　　149, 224
国際科学技術博覧会関連事業計画　　142

さ
山東構想　　177〜179, 199

し
市街化区域　　61, 85, 93, 98〜101, 103, 119, 174
市街化調整区域　　60, 85, 98〜101, 103, 119, 174, 220

敷地条例　　165
住宅公団（住宅都市整備公団、都市再生
　　機構、UR 都市機構　　55, 74, 77〜
　　79, 86, 87, 113, 120, 121, 124, 126, 129,
　　131, 132, 149, 151, 153, 162, 164, 166
　　〜168, 180, 185, 212, 225
住宅都市整備公団　　→　住宅公団
周辺開発地区　　119〜122, 128〜132,
　　185
首都圏新都市鉄道　　199, 200, 202, 204
首都圏整備委員会　　55, 62〜64, 66, 72
　　〜75, 78, 92, 107, 109, 110, 112, 113,
　　121, 126, 160, 162, 212
首都圏整備計画　　55, 57, 58, 60, 63, 67,
　　68, 75, 213
常磐新線　　→　第二常磐線
常磐新線整備検討委員会　　194, 198
自立計画　　127, 128, 135
自立都市　　2, 11, 67, 119, 132〜134, 206
　　〜208, 220, 221
震災復興土地区画整理事業　　45, 50
新住宅市街地開発事業　　27, 28, 41, 73,
　　78〜80, 82〜84, 87, 89, 103, 116, 119,
　　126, 131, 153, 155
新都市計画法　　15, 24, 30〜32, 60, 78,
　　85, 94, 95, 97, 98, 102, 103

せ
西部工業団地　　75, 76, 131, 132, 135,
　　149, 167〜171
戦災復興土地区画整理事業　　51, 85
ソフィア・アンティポリス　　105, 106

た
第 2 次茨城県民福祉基本計画　　→　第 2
　　次県民福祉基本計画
第 2 次（茨城）県民福祉基本計画　　144,
　　145, 181, 182
第二常磐線（常磐新線）　　179, 181〜189,
　　191〜196, 198, 202, 203, 205, 207, 208,
　　221

宅地審議会　　→　宅地制度審議会
宅地制度審議会（宅地審議会）　　15, 92,
　　94, 103
宅鉄法　　194, 197〜199, 201, 203, 204,
　　221

ち
地域冷暖房施設　　163, 164
地価対策閣僚協議会　　92, 93
地区計画　　159, 162, 166, 174
地磁気観測所　　189〜191
昼夜間人口比率　　132〜134, 208, 216,
　　220, 221

つ
筑波研究学園都市建設法　　120, 129,
　　154, 219
筑波研究学園都心構想懇談会　　162
つくば市景観条例　　156, 172

て
TX　　177, 179, 199, 203〜208, 218〜221,
　　223〜225
鉄道敷設法　　181, 183
田園都市論　　1, 3, 4, 6, 9, 11, 12, 15, 16,
　　29, 55〜57, 62, 67, 68, 106, 111, 177

と
東京市区改正　　→　東京市区改正条例
東京市区改正条例（東京市区改正）　　3,
　　20, 22〜24, 28, 31, 41
登録博　　139, 140
特別都市計画法　　1, 27, 42〜46, 48, 51,
　　59, 61
特別博　　140
都市再生機構　　→　住宅公団
土地利用計画　　29, 47, 48, 86, 92〜95,
　　97, 98, 119

に
人間・居住・環境と科学技術　　144, 146

認定博　　*139, 140*

は
廃棄物パイプライン　　*163, 164*
博覧会国際事務局　→　BIE

ひ
BIE（博覧会国際事務局）　　*131, 138, 139, 141, 144〜146*

ふ
文教地区条例　　*165*

ほ
歩行者専用道路　　*124, 125, 161, 162, 173*

ま
マスタープラン　　*57, 94, 102, 112, 114〜116, 119〜121, 211, 212*

や
八十島委員会　　*180, 181, 188*

ゆ
UR都市機構　→　住宅公団
有線テレビジョン施設　　*163*

り
リサーチ・トライアングル・パーク　　*105, 167*
流通業務団地造成事業　　*84, 87*
緑地地域　　*48, 59〜61, 64, 71, 106, 111, 185*

［著者紹介］

三井 康壽（みつい やすひさ）

元国土事務次官（昭和38年建設省入省、都市局都市計画課、区画整理課、都市総務課、茨城県企画部長等を歴任）

［主な著書］
「都市計画法の改新」（土地問題講座③土地法制と土地税制）（共著）（鹿島出版会）
「防災行政と都市づくり」「大地震から都市をまもる」「首都直下大地震から会社をまもる」
　　（信山社）
「死なない！死なせない！大地震から家族を守る！」（世界文化社）

［編著］
「まちを歩く　建物めぐりを楽しむ（東京＆近郊編）」（文芸社）
（非売品）「まちを歩く　建物を楽しむまち散歩」（建築技術教育普及センター）

つくばけんきゅうがくえんとしろん
筑波研究学園都市論

2015年5月30日　第1刷発行

著　者　　三井康壽

発行者　　坪内文生

発行所　　鹿島出版会
　　　　　104-0028　東京都中央区八重洲2丁目5番14号
　　　　　Tel. 03(6202)5200　振替 00160-2-180883

落丁・乱丁本はお取替えいたします。
本書の無断複製（コピー）は著作権法上での例外を除き禁じられています。また、代行業者等に依頼してスキャンやデジタル化することは、たとえ個人や家庭内の利用を目的とする場合でも著作権法違反です。

装幀：工藤強勝（デザイン実験室）　　DTP：編集室ポルカ
印刷・製本：三美印刷
© yasuhisa MITSUI 2015
ISBN 978-4-306-07313-5　C3052　　Printed in Japan

本書の内容に関するご意見・ご感想は下記までお寄せください。
　　URL：http://www.kajima-publishing.co.jp
　　E-mail：info@kajima-publishing.co.jp